U0167870

酸食志

要云　著

北京联合出版公司
Beijing United Publishing Co.,Ltd.

图书在版编目（CIP）数据

酸食志 / 要云著. — 北京：北京联合出版公司，2020.4
ISBN 978-7-5596-3980-6

Ⅰ.①酸… Ⅱ.①要… Ⅲ.①饮食－文化－中国 Ⅳ.①TS971.2

中国版本图书馆CIP数据核字（2020）第029320号

酸食志

作　　者：要　云
出版监制：刘　凯　马春华
选题策划：联合低音
责任编辑：唐乃馨　周　杨
封面设计：何　睦
内文排版：黄　婷

关注联合低音

北京联合出版公司出版
（北京市西城区德外大街83号楼9层　100088）
北京联合天畅文化传播公司发行
北京华联印刷有限公司印刷　新华书店经销
字数105千字　787毫米×1092毫米　1/32　8.25印张
2020年4月第1版　2020年4月第1次印刷
ISBN 978-7-5596-3980-6
定价：49.80元

目　录

自　序

中国人对饮食的口味，常以"五味"概括，酸甜苦辣咸。不但以此概括饮食口味，还扩而广之，用于对生活境遇或心境的形容。生活艰难，谓之苦，引申出苦难、辛苦、吃苦、悲苦，等等。心情愉悦，谓之甜，同样引申出一连串美好词语，甜蜜、甘甜、香甜。齐心协力，共渡难关，是同甘共苦，生活由艰难转而安逸，则是苦尽甘来。辣味亦然，泼辣、老辣、心狠手辣乃至毒辣，仅看字面，就让人感到背上一丝丝发凉。以咸喻情喻景的相对少一些，主要是咸味太中性，但也不是没有，比如一个人说话寡而无味，便是"不咸不淡"。在方言中，还有更形象的例子，粤语喻人下流，谓之"咸湿",进而引申出骚扰女性者为"咸猪手"。

有意思的是,尽管各地方言不同,但在言及五味的时候,大多以"酸"为首,这是一个很值得探讨的文化现象。喻情喻景最多最形象的,恰恰还是"酸"。没钱还迂腐叫穷酸,出手小气叫寒酸,语言刻薄叫尖酸,无法排解之苦闷叫酸楚,还有酸涩、酸腐、酸文假醋,等等,最精彩且常用的,形容嫉妒之心,称为"酸溜溜"。如果把五味全部用上,说一个人心情复杂时,就是"打翻五味瓶,酸甜苦辣咸,不知是何滋味",酸是要排在头一位的。可见酸味在中国人生活中的分量。

酸在中餐调味中,是一个极其特殊的角色,可与各种味道复合,酸甜、酸辣、咸酸,均可成美味。中国地域广大,不同人群饮食习惯各有其俗,对味道的追求自然各有特点。但是无论何方人士,对酸这个口味,都是能接受的,虽然喜爱程度不一。以酸喻情喻景渗透在各地方言之中,就是最好的证例。我在《辣味江湖》一书中曾说过:"中国人的饮馔,历来讲求五味调和。但是中国太大,地理复杂,气候各异,物产不同，民族众多。八方之人，对五味各有偏好。民族之间的差异不必说了，即便是汉族地区，南方北方、东边西边，离差之大，亦非一般二字可以形容。即便大致做一归纳，也大不易。"我大致地划分，是"东北咸，西北酸，西南辣，东南甜"。

这只是一个大而化之的划分，实际上，如果将五味应用细致观察，酸甜苦辣咸，是融汇于四方食谱的。比如酸，无分地域，各地方各民族都接受且喜爱，即便最不酸的东南各地，醋仍然是重要调味，中国四大名醋中，东南占其二。中国人大都以山西为醋乡，晋人饮食口味取向偏于酸。但是真正把酸作为日常最重要口味的，却是西南的贵州，而且贵州的酸，酸得透彻，酸得深入人心，"三天不吃酸，走路打蹿蹿"，地位何等之高。

可是要概括中国各地人群对酸味的应用和调和，却是一件大不易的事情。原因是与咸辣甜不同。咸与盐对应，甜与糖蜜对应，辣与辣椒胡椒葱姜蒜对应，而人们对酸的体会，其源却大异之。北方有酸醋、酸菜、酸饭、浆水、酸汤子，以及草原民族须臾不可离的酸奶。南方的酸，更是丰富多彩，菜酸之丰富就不必说了，果酸的种类也令人应接不暇，闽粤的梅子酸、贵州的毛辣酸、海南的柠檬酸、广西的菠萝酸、云南的酸角酸，都是酸中精粹。更不用说还有琳琅满目的荤酸，肉酸鱼酸虾酸蚁酸，以此烹调出的酸味菜肴，都可称珍食奇味，没有长期品食品味的经历，很难说得圆全。

这些年，为探各地酸食风俗，我走过不少地方：东北大酸菜的老家辽吉黑、盛行浆水菜的陕甘宁青、醋乡山西、酸嘢广西、泡菜之乡四川、无酸不欢的贵州，果酸琳琅的云南，等等。各地食酸的习俗和超凡脱俗的酸味菜肴，每每让我惊叹不已。在东北，吃绥化的酸菜汤；在陕西，吃汉中的浆水面；在四川，吃新繁的泡菜；在福建，吃泉州的醋肉；在湖南，吃芷江的酸鱼；在贵州，吃凯里的酸汤；在广西，吃街头的酸摊……几乎每到一地，都能遇到惊喜。寻酸品酸，在大快朵颐的同时，也使我对中华饮食文化的丰富多彩有太多沁入心田的感受。

最近一次寻酸之旅，从北京南下，用四十多天时间，走了几个过去没有亲身体验过的地方。在恩施，第一天就碰到了"刨汤"，恩施酸菜酸萝卜给我上了第一堂课。酸肉是湘黔桂一带很多民族的当家美食。曾在芷江吃过侗族酸鱼，但体会不深。到湖南通道，不但吃了芋头侗寨的酸豆角干拌粉、万佛山脚下的酸萝卜猪大肠，还吃到了最正宗的通道酸鱼酸肉。细细咀嚼，浸透到肉丝中的酸香，能打动每一个味蕾。在贵州南三州，遍吃各地酸汤，毛辣酸、糟辣酸，虾酸香酸米汤酸、苗酸侗酸布依酸，简直就是酸海漫游。走进广西三江，住进三江程阳八寨，三江侗族的酸菜几乎顿顿不落。到环江，是为寻找"腩醒""瓮煨""索发"而去的。素昧平生的环江毛南族朋友不但为我细细讲解毛南民族的食俗，而且为了让我深入体会，几顿饭不重样，除了环江菜牛大汤锅、下南米虫，还特意为我们准备了酸味大宴：红酸汤"腊锥"、环江香猪肉、香猪血肠、毛南酸肉，让我感动不已。在柳州寻柳州酸，在桂林吃桂林粉，在贺州评品牛肠酸，对广西酸食文化的体会更增一分。海南是一个多民族的地方,历史上,是百越族的主要聚居地。除了黎族,还包含了壮侗语族的临高方言群体,食俗与中国其他地区的壮族、傣族有着千丝万缕的联系,食酸是重要的共同特征。在海南不但吃到了陵水酸粉,还品味了正宗的铺前糟粕醋火锅。那种酸香味道,给我留下了难忘的印象。更觉得,品味美食也如品味人生,是莫大的乐事。

酸味世界,丰富多彩,我进入的,只是几个角落。这本书,是笔者几十年酸域旅行的点滴体会,说来写来,是期盼与读者做一个交流,把各地美食带给自己的愉悦与大家分享,更希望得到读者们的指导。

01

—

酸
之
味

—

探寻酸之味，有几点不可忽略：中国人吃酸的历史，酸食和调酸食材之类别，各类酸食的特点、特色及其地理分布、民族分布和人群分布。

中华民族是一个对历史记载极其重视的民族，在浩如烟海的中华历史典籍中，对各时期、各地方、各民族物产，以及由物产而形成的饮食习俗的记载具有相当的连续性，探寻这些记录片段，就能够对中国各地食酸习俗的由来、演化有比较直观的认知。

中国地域广阔，民族众多，各个民族、各个人群都有自己的饮食习惯。即便汉族之内，由于地处东西南北，食俗的差异也相当之大，就食酸习俗和取酸所用食材而言，远非丰富二字可以概括。如果把醋酸、菜酸、果酸、禾酸、荤酸、乳酸等作为第一级目录的话，其下的子目录就更多了。探寻各地饮食习惯和食材选择，只有亲口尝一尝，才可能对中国各地方、各民族酸食风俗有一个比较直观的了解。

五味之中，酸和辣是很有些特殊性的，之所以说有特殊性，是因为对这两味的追求，各地方和人群的差异性非常大。比如辣，有的地方和人群须臾不可缺少，有的地方和人群则有无均可、无足轻重。将对辣味追求的程度用"等辣线"描绘出来，就能绘制出一幅辣域地图。酸味亦然，有的地方酸味仅是调味中之一味而已，并不常涉，有的地方和人群却以酸味作为日常饮食的主味，一日不可或缺，"三天不吃酸，走路打蹿蹿"。以嗜酸程度高低连接出等值线，也可以描绘出中国的酸域地图。

说酸味，说酸食，说酸域，先从酸之史说起吧，因为中国饮食习惯中的酸，至少可以上溯万年。

万年之酸

中国人的五味，"酸甜苦辣咸"，"酸"置于五味之首。这个排序很有意思。有人以为，这是因为酸是人类烹饪最古老的调味。人类的第一味调味品，就是来自大自然的天然酸。古老到什么程度呢？大约可以追溯到人类开始用火的时候。肉类和植物块茎烤熟了，要增添点儿味道，大自然中天然的酸味，比如梅子，混合一点儿，那味道一定大不一样。在尚无盐的时候，以酸调味，太自然不过。

在中国，从有文字记载开始，就有了对调味品的介绍，最早的，就是咸与酸。《尚书》收集了《说命》

三篇，下篇就有"若作和羹，尔惟盐梅"之句。《尚书》虽然相传为孔子编订，却是上古流传下来的典籍集汇，上溯尧舜，下及商周。说明至少在那个年代，盐梅已经是中国人日常饮食中最主要的调味品。古人常常把这两味绑在一起，后人以两者之间的紧密关系来做比喻，成语"盐梅之寄""盐梅舟楫"，都是从这里引申出来的。

梅子酸尚是天然形成的果酸，时入周代，人工发酵制作的酸味调料出现了。这就是"醯"与"酢"。"醯"与"酢"都是酱汁，但是据考古学家考证，当时的酱汁，都是肉酱，以肉制酱，制作的过程中会分解出大量有机酸，包含氨基酸、乳酸、醋酸等。因为味道是酸的，写作醯，亦写作酢。东汉许慎的《说文解字》说，"醯，酸也"。但是后世这两个字都被另一个字替代，就是我们熟悉的——"醋"。不过，醯酢与醋还是不同的，虽然都是酸味调料，但是实质已经起了变化，因为制醋的原料，已经不是肉类，而是谷物。这个变化，大致在汉代才完成。

这时候，不但有了非常完整的文字记载，而且有了高水准的科技著作。最著名的，是北魏贾思勰的《齐民要术》。

《齐民要术》是一部伟大的农学著作，不但涉及农业的方方面面，包括农艺、园艺、蚕桑、畜牧、林业等，而且引申至酿造、烹饪等农产品的后加工领域，对酒、醋、酱、糖稀等的制作过程也做了详细的解析和记录。此时，中国人已经熟练掌握了发酵技术。特别是对"曲"的运用已经达到很高的水平。书中记载的制曲酿醋方法，已经非常精到。

既然是谷物酿制，醋和酒就有了不可分离的关系。最初的醋，别名"苦酒"。何以是"苦酒"？我猜想，大约最初做坏了的酒，发酸，饮之难喝，丢了可惜，用以调味，竟然与酢相类。之后便按照这样的方法发酵谷物，用以做酢。所以，贾思勰说，"酢者，今醋也"。我的猜想应该是不错的，因为就在《齐民要术》里，贾思勰写过以坏酒回做醋。"回酒酢法：凡酿酒失所味醋者，或初好后动未压者，皆宜回作醋。大率：

五石米酒醅，更着麴末一斗，麴麸一斗，井花水一石；粟米饭两石，掸令冷如人体，投之，杷搅，绵幕瓮口。每日再度搅之。春夏七日熟，秋冬稍迟。皆美香清澄。后一月，接取，别器贮之。"虽是苦酒，但是做醋，却"皆香美"，后来，酿醋法大致如此，"苦酒"一词消失，统统由"醋"替代。

谈到中国之酸，很多人自然首先想起的就是"醋"。首先想起没有错，但把醋与中国之酸等同起来，就大错特错了。中国人吃酸，岂止一个醋能够概括，即便上古，中国之酸也是多种多样的，例如云南德昂族同胞的酸茶。茶，一般都是泡饮的，但德昂族是拿来吃的，新鲜茶叶经过发酵、酸化，直接食用。这个风俗，古已有之。在德昂族同胞生活的临沧，现在还有三千多岁的种植茶，这说明《尚书》集撰之一千年前，那里的人们已经开始种茶、吃茶，而且吃的是酸茶。

实际上，西南各民族吃酸的历史都很悠久，壮侗语族各民族都嗜好酸汤，各种酸味果实都被用作制酸的食材，梅子、酸木瓜、酸角、柠檬、生杧果，等等。即便在北方，以蔬菜和粮食制作的酸，也远非一个醋，西北、华北地区很普及的浆水、酸菜和酸饭，食用范围不小，真的考究起来，浆水和酸饭应该产生于醋之前。有醋之前，谷物和菜蔬所生出的酸，应是人们最主要的调酸食材。因为梅子是有季节的，而且产量有限，所以制成的梅子酱、盐梅是很珍贵的。商周宫廷都有醢人主管醢物，这就是证明。而浆水和酸饭，易于制作，也容易普及。可以想见，古代之酸，也是很丰富的。中国人吃酸的历史，源远流长。

醋酸漫话

不过，相对而言，中国人用以调酸的主要调料，还是醋。各地都有自己的酸味食物，但是就覆盖面广大和嗜好人群广泛而言，无有在醋之上者。

醋和酒可以说是一对孪生兄弟。从古至今，制醋都是先从制酒开始。酒是乙醇，醋是乙酸，用酒曲发酵原粮，做出酒后，再用醋曲发酵成醋，从顺序上看，酒是哥，醋是弟。中国酿酒的历史可以追溯到八千年前，但最初的酒是"醴"，不需曲来发酵的低度酒，近于啤酒，度数很低，古人在不掌握必要工艺的情况下，用醴是做不成醋的。后来虽然有了曲，以曲酿酒，但那时的工艺大约还是粗糙的，还不能制出醋来。所以，虽然商周两朝，有酒池肉林，但是调酸用的，还是盐梅醯醋，没有醋。中国人以曲酿酒，始于什么时候，历史没有准确记载，但是，周代一定已经有曲了。我在《酒行天下》一书中说过一段话，就是关于曲的。

曲字，过去写作"麯""秈"。麦字旁和米字旁，表明曲是以麦或米制成的。古代，商周之前，中国人就知道了曲。当时的人们，就用蘖来制醴，用曲来制酒。"若作酒醴，尔惟曲蘖"，这是周代的诗歌。中国白酒的酒曲，以曲酿酒能同时起到糖化和酒化的作用，从而把谷物酿酒的两个步骤——糖化和发酵结合到一起，如同天成。为后来独特的酿酒方法——曲酒法和固态发酵法奠定了基础。

曲的运用是在什么时候走向成熟的呢？大致是在汉代。《齐民要术》总结了汉代的酿造技术，对制曲的工艺和运用有了详尽的归纳和总结。到这个时候，中国酒曲的工艺已经达到很高的水平，北魏时期的一款"神曲"，一斗可以发酵四担米，酒曲的用量仅及原粮的百分之二点五，真是神曲。到宋代的时候，中国的酒曲更达到工艺水平的高峰，以至到现在，很多名酒所用的曲，仍旧延续宋代工艺，不敢更改。

有一点可以肯定，至迟在汉代，以曲酿酒，以曲酿醋的工艺也已经成熟。酒和苦酒的出现，应该相距不远。做酒总有做坏的时候，这个坏是说，做酒如果不小心，成酒被杂菌感染，极有可能再发酵。不过，发酵出来的东西，还不能称为醋，杂菌发酵出来，味道一定很古怪，难以入口。直到有一天，人们认识了醋酸杆菌的作用，做出了醋曲，以醋曲再发酵，得到的可就是醋了。所以，从逻辑推理的角度看，也应该是先有酒，后有醋。酒曲和醋曲，是中华文明中的两大发明，有国外学者说，曲的发明，可以和传统的中国四大发明并列，称其为第五大发明。我以为此言甚善。

《齐民要术》罗列了二十三种醋，不但分类介绍，而且有详细的工艺说明。从原料上说，涵盖了糯米、小米、大麦、小麦、高粱、大豆、小豆，甚至糠麸。

发酵工艺也多种多样，有固态发酵的，有液态发酵的。用以发酵的醋曲，也不只有醋酸杆菌，还有多种多样的真菌。以醋曲发酵酿制出来的醋，除了醋酸，还含有乳酸、葡萄糖酸等，各种酸的配置不同，醋的风格就不同。共同的一点是，"皆香美"。

唐代在中国历史上是一个大气磅礴的朝代，与汉代一样，是中西交流频繁的时期。这个时期，中国的酒曲醋曲开始向周边扩散，影响了包括日本、朝鲜在内的许多国家，甚至传播到了西亚。就中国自己而言，制曲工艺也有了很大的进步，酒和醋的香美程度更胜于前。唐代有一本书，《四时篡要》，其中就记载了唐代的制醋工艺，较魏晋时期更为精妙。到宋代，酒曲和醋曲的品种更多，工艺也更成熟，出现了浓醪复式发酵的全曲醋和以饴糖为原料的糖稀醋、以酒糟为原料的酒糟醋。元代，醋的品种进一步增多，现在我们日常食用的各种醋，在元代大都已有了定型工艺，一直沿用至今。

我们今天吃的醋，从原料上分，有三类，粮食醋、果醋和白醋。粮食醋，就是以粮食为原料发酵酿制而成的醋，无论选用何种粮食，成醋是何色泽，共同的特点是粮食酿制而成。中国四大名醋，无一例外都是粮食醋。山西清徐的老陈醋、江苏镇江的香醋、四川阆中的保宁醋、福建泉州的永春醋是中国醋之翘楚。山西老陈醋的原粮是高粱，镇江香醋的原粮是糯米，保宁醋的原粮是麸皮与米麦，永春醋的原粮亦是糯米。四大名醋的共同特点是色泽乌亮，醇厚香浓，回味绵长。粮食醋中，以大米为原粮的浙江米醋，色红明朗，清香悠然，自成一格，是难得的佳酿。此外，以黄米、小米酿造的醋，也不乏精品。

　　果醋的原料就更丰富了，苹果、梨、杏、葡萄、柑橘等，皆可酿出好醋。利用水果自身的果酸酿制出来的果醋自带果香，别有风味。中国酿制水果醋的历史悠久，山西醋中，有一款柿子醋，自古有之，其味香浓，回味甘甜，深受当地人的喜爱，可称为历史名醋。

　　白醋则要复杂些，大致分为两种，其一是以白酒再发酵而成的，比较有名的如辽宁丹东的塔醋，以大米为原粮，酿成米酒，之后再发酵成醋。这种白醋自然应该列入粮食醋行列。其二是乙酸与其他配料调和而成的合成醋，因其色白，也被称为白醋，目前市场上的白醋，大部分是这种调和而成的白醋。这种醋，只可调味，无甚营养价值可言，可称其为醋之末流。

以醋调味，普及程度之高，与酱油不相上下。我们日常调味所用的醋，很多都有冠名，陈醋、烤醋、熏醋、乌醋、香醋等，是因为工艺不同，例如山西老陈醋。老陈醋的熏与陈，是山西醋最重要的特点。熏，是用了熏醅技术。熏醅，是山西醋的独特技艺，因此，熏香味也成了山西醋的独有风味。运用熏醅，使山西老陈醋的色泽乌浓，熏香逼人。是不是老陈醋，闻一闻便知。其二是一个陈字，陈酿而成，陈酿期至少一年。有的好醋，陈酿期长达数年。"夏伏晒，冬捞冰"，新醋在夏天晒，水分蒸发，是第一道浓缩，冬天冻，醋液中的水析出结冰，将冰捞出，是第二道浓缩。一缸醋，一冬一夏，三之去二，能达到十度上下，新醋变成了陈香突出、口味柔和的老陈醋。

镇江酿醋史已有一千四百多年。历来是东南第一酸，以"酸而不涩，香而微甜，色浓味鲜，愈存愈醇"名扬全国。论历史，论名气，论味美，都不输山西。山西老陈醋的原料是高粱，镇江香醋的原料是糯米。从工艺上讲，香醋与陈醋大有区别。山西老陈醋讲究一个陈字，镇江香醋却讲究一个鲜字，镇江香醋的酿造期是老陈醋的一半，但色泽同样乌亮，被列为乌醋。

各地人对醋的选择，一般都以本地醋为主，四川人喜爱保宁醋，福建人喜爱永春醋，江苏人喜爱镇江醋。北方大部分地区，都流行山西老陈醋，但也有例外。晋南很多人是吃柿子醋的，陕西人吃臊子面，用的多是岐山香醋，天津人家，碗橱里多放着独流醋。

对醋的运用，各地也多有不同，山陕人吃面，离不了醋，无论是臊子面还是刀削面，最后调入的，都是醋。四川人喜凉粉，保宁醋是必不可少的。福建有两味名菜，永春醋炖猪脚、醋肉，是对永春醋最好的演绎。广西人吃酸，无论是南宁酸嘢还是桂林酸、柳州酸，主角都是醋，白醋。海南人更绝，连酒糟都不放过，以糟酿出低度醋。糟粕醋火锅近些年在海南各地大行其道，那种酸香味道，让每一个吃过的人都意犹未尽。

酸域拟测

醋酸，是中国人饮食中调酸最普遍，却并非最主要的调味品。人们对酸的取用，一是酸食，食物经人工发酵，自带酸味。如酸菜、酸笋、酸饭、酸奶。另一个才是将食物调酸的食材或调料，如酸木瓜、柠檬汁、野番茄汁，等等，醋只是其中之一。所以，如若寻酸，各种酸食和酸调都要包含在内。绘制酸味地图，图标琳琅满目，绝非只有一个醋。

作为五味中重要的一味，中国人对酸味的追求是相同的。各个民族、各个地方、各个人群，都有自己的酸食和调味之酸。醋酸分布是没有空隙的，酸菜虽各地做法不尽相同，但普及程度，不亚于醋酸。除了这两个酸中翘楚，各地特有的酸就有明显的地域特征了。

泡菜满四川，酸汤淹贵州，酸菜酸东北，浆水遍陕甘。西北一些地方流行酸粥酸饭，北方以牧业为主的蒙古、哈萨克等民族，酸奶是重要食物。湘西黔东桂北地区苗族侗族聚居区有食用酸鱼、酸肉、酸鸭的习俗。滇南滇西都是多民族地区，历史上，就有以食用酸果和用水果调酸的食俗，野番茄、生杧果、酸角等水果，是重要的食材和调味品。广西、云南操壮傣方言的各民族，钟爱酸笋，而且形成了以酸笋调味的系列菜谱。贵州黔南、黔东南、黔西南三州的酸食和调酸食材更为丰富，也有更独特的地方特色，酸汤、盐酸、菜酸、香酸、虾酸、臭酸、糟辣酸，使这一地区的酸食文化光彩夺目。

即便是醋酸，在各地表现也大为不同。例如广西盛行的酸嘢，晋南人热爱的柿子醋，海南特有的糟粕醋，云南阿昌族的玉露。虽然绘制出十分准确的酸域地图很难，但对各地食酸喜酸的程度做一个大略的概括，应该是可以的。

说酸域，我以为应该根据对酸味的喜好和依赖程度，分两个层次：大酸域和酸域核心区。中国食酸最为突出的人群和地区，可以分为南北两部，或者说有两个核心区域。北方的核心区在山陕、宁夏和甘肃东部、内蒙古中西部。南方的核心区在贵州、湘西、桂西北、滇南。从地图上看，这是两个连片地区。这两个核心地区向外晕染，就是一个连片的大酸域，这个酸域大地图应该包括三北地区、大西南、湘桂两省、鄂西南、海南，涵盖了中国大部分疆域。

说酸域，只是广而论之，或者说是一个针对嗜酸人群和地方的晕染图，酸域之内酸味重一点，酸域之外酸味轻些，但酸域之外也有酸，有的地方，还酸得可以。如果要补充这个拟测地图，只能用文字做出说明。

02

酸之域

中国人对酸味的取用，包含两个类别：第一是自然之酸，如蚁酸、果酸；第二是酿造之酸，如醋酸、腌酸。相比之下，酿造之酸所占比例大大超过自然之酸。中国幅员广阔，东西南北气候、物产各不相同，食俗离差相当之大，就五味中的酸味，虽各地方、各民族都接受而且喜爱，但取酸、制酸、用酸、食酸却各有各的特点、各有各的传统。即便同一种酸食或酸味，不同地方、不同人群也有不同的制作方法和食用方式。比如酸菜，是中国人食用较为广泛的酸食之一，但各地酸菜的选菜、腌制、辅料、腌制时间均有自己的一定之规，腌菜的味道也千差万别。所以，虽然都是酸，内涵一致，外延却丰富多彩，中餐的魅力，也正存于这丰富多彩中。

我一贯认为，同一方言区的人，具有相同或相近的饮食习俗，菜系的形成，是同一方言区人群长期创新、交流、磨合、提炼的结果。一个菜系，基本不会跨方言区而存在。鲁菜虽然发端山东，但流行于华北各省、内蒙古东部和东三省，这一地区，都在鲁菜范围，其主要内因，是这一连片地区同属华北官话区。而邻近的山西却不在其中，恰恰因为山西是单独一个方言区——北方唯一一个保留入声的晋方言区。

吴语方言区是一个大区，但是由于吴语的次方言众多，南北吴语不能通话，导致江浙与皖南不大一片地方小菜系众多，苏锡沪、杭绍甬、衢州徽州温州台州都有自己的"帮"。就酸味而言，各地各个大小菜系对酸味的应用、嗜好程度的轻重、酸食的种类，也便不同。在不同地方品味不同的饮食风味和风格，寻其同异，是一个很快乐的过程。这其中，便包含了寻酸的乐趣。

各有特色北方酸

北方之酸，首推醋酸。无论东西，无一例外。北方人都有饺子情结，吃饺子蘸醋，是定规。西北各地，面条是重要的主食，大部分面条以醋调味。甘肃的酿○○○前臊子面、山西的荞麦碗坨、河南的胡辣汤、○○○都离不开醋。但是，北方人食○○○○○○○普遍的是酸菜。北方冬季寒○○○○○的，蔬菜保鲜，两个办法，一个是窖储，另一个就是腌渍。腌酸菜是大部分北方人冬季获取维生素的主要依托。东北人的酸菜汆白肉、山西人的酸菜熬山药，都是当地人引以自豪的好菜。汪曾祺说北方人爱吃酸菜:"山西人还爱吃酸菜,雁北尤甚。什么都拿来酸,除了萝卜白菜,还包括杨树叶子,榆树钱儿。有人来给姑娘说亲,当妈的先问,那家有几口酸菜缸,酸菜缸多,说明家底子厚。辽宁人爱吃酸菜白肉火锅。北京人吃羊肉酸菜汤下杂面。"

北方之酸,还有两个特殊角色,一个是浆水,一个是酸饭。浆水菜、浆水面在西部一些地区是很盛行的,酸饭的流行范围不大,但是喜食酸饭的人群不少。不只山陕冀蒙,就是北京延庆,也有吃酸饭的习俗。北方是草原民族的故乡,酸奶是最普遍的酸食,牛、羊、驼奶发酵,不止可以做成酸奶,还可以做成奶皮子、奶豆腐、奶疙瘩。可见,北方之酸,丰富多彩,用一句陕西话说:美得很呢。

醋之缘

北方人吃酸,首为醋。北方人吃饺子,不能没有醋;东北人拌凉菜,不能没有醋;陕西人吃面条,不能没有醋;甘肃人吃酿皮,不能没有醋;山西人哪顿饭都少不了醋。有一年，我到山西寻酸，特意到清徐的东湖、水塔两个醋厂参观。住在东湖宾馆。晚上吃饭，坐定，服务员不上茶，一人倒了一勺醋，喝完才上菜。

山西往西，酸成一片。我在《寻味中国》一书中写酸，写华北西北，写了五个小题：大寨饭、延安饸饹、暖泉碗坨子、锡林郭勒莜面、呱呱捞捞。都与醋有关。大寨饭，写的是多年前到大寨，在大寨大队吃过一顿饭，玉菱面糊糊，一条咸菜半碗醋。延安饸饹，写的是在延安吃荞面饸饹，五大调料醋为首，其次是盐、蒜、芥末、辣子油。不少人吃完饸饹，连半碗醋汤也喝掉。河北蔚县暖泉镇的凉粉叫碗坨子，调味的，除了蒜水、香菜末之类，醋必不可少，没有醋，碗坨子没法吃。山西、内蒙古、陕北、河北坝上，是连片的莜麦产区，莜面是农民很看重的主食，其中锡林郭勒的炒莜面白而粉，每张桌了上都放一大瓶子醋，羊肉腻，有醋，再肥的羊肉，都没了腻的感觉，那莜面吃起来，格外香。甘肃人对醋的感情，不比山陕人差。我到天水，遇到一款酸辣美食——呱呱。呱呱其实就是凉粉，豌豆做的，叫豌豆呱呱。洋芋粉面做的，叫粉面呱呱；荞面做的，叫荞面呱呱；吃呱呱，不用刀切，用手将粉坨抓碎，表面毛毛糙糙，挂调料，味道足。调料中量最大的是辣子和醋，没有醋，呱呱咋个吃？

一九六九年，我从成都毕业，分配到哈尔滨，第一次见识了东北人吃凉拌菜的大气。老同志李彩莲为了欢迎我们这些南方娃，特意在家里办招待，那时节物质匮乏，肉都难见到，就一个菜——东北大拌菜，白菜丝、土豆丝、胡萝卜丝、干豆腐丝，加上少许肉丝。开拌之前，李彩莲问，加点儿忌讳？我们都愣了，忌讳是什么？李彩莲也纳闷，这些学生娃怎么连什么是忌讳都不知道。解释之下，才晓得，哈尔滨人认为"吃醋"一词不雅，招人忌讳。故而以忌讳代称。明白之余，大家一致喊道，多加，多加。我也因此知道，东北人也好酸，东北大拌菜，少不了忌讳。

过油肉

醋在北方人生活中，不可少。家家户户碗柜里，都少不了一瓶醋。很多菜肴，醋是主调，比如山西的过油肉。

过油肉，是山西菜中的金牌菜，问很多山西人，什么菜最好吃？回答大多是过油肉。这道菜不只山西有，华北西北各地都有，但最正宗的过油肉，还是要到山西去吃。因为山西的过油肉最后一道工序是烹醋，也起来有干山酸，岩浓浓的小西风味

山西过油肉重要的食材，是猪里脊、木耳、台

爆炒，拨散出锅；沸油中放入葱花，再将木耳、台蘑、笋片煸香，旋加入肉片，翻炒片刻，烹醋，勾芡，香喷喷的过油肉便出锅了。肉片、台蘑的香气中飘逸着淡淡的醋香，美啊。

炒菜用醋，不只过油肉，北京人吃木须肉也是要烹醋的，为的也是那股酸香的味道。更多的，是素菜用醋，在山西吃得最多的是山药蛋，山药蛋切丝，入锅爆炒，以醋收官，便是有名的醋熘山药丝。不只山西，北方各地，几乎所有追求脆爽的菜，都要烹醋，醋熘藕片、醋熘白菜、醋熘疙瘩白、醋熘西葫芦，皆是。做鱼，为了去腥，烹醋必不可少。山东临清的地方菜，有一款醋蒸羊肉，大片羊肉和羊尾油泡在醋中，入笼蒸，老醋浸透，何腻之有。我在北京生活了三十多年，对北京人饮食中喜酸的习俗多少有些了解。吃涮羊肉必有糖蒜，这糖蒜是糖和醋一起腌制出来的；喝粥时常配老醋杏仁，这是老北京的一道精美小菜；糖醋排骨、糖醋莲藕，都是待客上席的好菜；至于凉拌，无论荤素，都少不了醋；吃炸酱面，倒一点儿醋，又是另一种味道。在北京吃清真菜，曾见识过一款以醋为主调的菜——醋熘木须，做法与汉族的木须肉大不同，羊肉鸡蛋老陈醋，无需其他配菜，调味时多加醋，酸香逼人，可以与山西最地道的过油肉比肩。可见，在北方，各民族的酸食习惯，是相通的。

智慧"穷酸"

醋酸是为了取味，食物粗粝的时候，有醋调味，粗粝的食物便增添了几分吸引力。但是，也有穷到连醋都吃不起的时候。想让粗粝的食物多些让人愉悦的味道，该怎么办呢？北方很多地方的饮食习俗能够回答这个问题。

浆水，是以米汤和蔬菜共同作用，发酵而成的一种酸食，在一些地区的饮食中流行极广，浆水菜、浆水面，在西北地区很多地方是主要食物。即使不吃浆水菜、浆水面，浆水也能承担为食物调味的作用。在陕甘宁及地方，有吃搅团和撒饭的习俗，为搅饭、搅团调味，少不了醋、蒜泥、辣子油之类，如果连油都买不起，就用糊辣子面。生活宽松一些的，浇上臊子，或者菜汤。没有醋的，可以用浆水代替，酸味虽然不足，但是与醋比，别有风味。这些风俗因何出现，且流传久远？我以为是因"穷"所至。在粮食不足的时候，只能吃稀，生活窘困，只能以此调味。喜酸却无醋，浆水可代，如此而已。当然，一种饮食变为一个庞大群体的饮食习惯，世代流传，就成为一方食俗，即便不再穷了，食俗仍然不会改变，只会精细化，营养化。好比穷的时候吃野菜，是为了保命，富了以后吃野菜却是为了健康，虽然都是野菜，内涵却已不同，如此说，今天吃撒饭调浆水，不再是穷酸，变成讲究了。

酸饭，亦是如此。食物粗粝，发酵变酸，变得软糯酸香，易于下口。这是中国人三千年来长期处于饥饿状态衍生的智慧产品。至今，喜爱酸饭酸粥的人群仍然庞大，很多人喜爱酸饭到了痴迷的程度，不酸的饭反而认为不好吃。内蒙古的鄂尔多斯，设市前是伊克昭盟，盟署所在地叫东胜，也就是今天的东胜区，曾是一个大碱滩，苦寒至极。当地山西移民多，是酸饭的重要分布区。旧时节走西口，就有民歌，"西口路上没好饭，西包头找浆米罐。糜米捞饭豆腐菜，你是哥哥心中爱"。这可以说是在贫困中的最高追求了。今天，鄂尔多斯"扬眉吐气"，四大产业繁荣兴盛：

羊绒、煤炭、稀土、天然气，成为中国富裕的地区之一，酸饭却仍是当地人的最爱，即便是已经腰缠万贯的煤老板，几天不吃酸饭，也心慌意乱。

其实，不止晋蒙陕甘宁，即便东北、新疆，想在日常饮食中寻点儿酸，以掩饭食之粗粝的，也不在少数，流行于东三省的"酸汤子"，就是其一。酸汤子是将玉米面发酵变酸后做成的，为的是取其酸味，也是粗粮细作的一种。仍然是"穷酸"的智慧。

酸菜饺子渍菜粉

北方之酸，除了醋，除了浆水，除了酸粥酸饭，食用人群最广泛的，应该是酸菜。三北皆然，东北尤甚。十多年前，春晚有一台节目，一句台词成为脍炙人口的流行语，"翠花上酸菜"。东北大酸菜随之名气大增。很多南方人也是由此知道东北人对酸菜的依赖程度，是相当深。

酸菜，是北方蔬菜保鲜最主要的方法。过去，北方冬季是没有鲜菜可吃的，食用的蔬菜，只有两种办法保存，一是窖藏，二是腌渍。窖藏蔬菜大不易，易腐烂，易干枯，过一段时间，就要扒掉干枯腐烂的菜叶，吃到最后，就剩下一个菜心。腌渍则可以较长时间保存。因此，酸菜就成了冬季最主要的蔬菜。我在东北生活了八九年，吃了八九年酸菜炖粉条外加窝头，对酸菜是爱恨交加。当然，这是困难年代留下来的记忆。现在与酸菜再相逢，恨之少，爱之增，因为与酸菜相伴的，不是窝头，而是酸菜饺子、酸菜氽白肉、酸菜炖排骨，不说吃，光想着都馋。东北人吃酸菜的精到，简直绝了，以酸菜烹调的各色菜肴，五花八门，琳琅满目。比如渍菜粉（东北人只有在酸菜炒粉条的时候，才不叫其酸菜，叫"渍菜"，此时这个渍读音为 jì），可荤可素，荤者，加一点儿肥瘦肉丝，素者，就是葱花炝锅，酸菜粉条一起炒即可，渍菜粉就大米饭，那叫一个香。酸菜氽白肉，五花肉煮熟，煮肉的汤就是汤底，放入切得细细的酸菜，五花肉捞出，切薄片，回锅氽入，酸鲜香，更是大米饭的绝配。至于酸菜饺子，在冬季，是各家各户常吃的解馋之物。东北人有饺子情结，过年，在农村，包一大缸饺子冻上，自然是酸菜馅的，从年三十儿一直吃到二月二。说酸菜是东北人对美好生活的寄托也不为过。

这说的是东北，就大北方而言，酸菜的概念更广些，用以腌酸而成酸菜的菜，当数大白菜。其他蔬菜，也可以加工成酸菜，芥菜、卷心菜均可。山西酸菜，叫黄菜，用的是芥菜，芥菜缨子芥菜头分别腌制，山西人说，拌莜面，炒羊肉，炒羊血，有黄菜就行。陕西往西，浆水当头，酸菜少了。浆水菜，在陕西也叫酸菜。河北一些地方，用的菜就更广了，白菜芥菜疙瘩白萝卜缨子榆树钱，只要能吃的叶子，无论菜叶子树叶子，一概收罗进来，腌酸了，吃一冬。

冷　面

东北人的冷面，是跟着朝鲜族吃起来的。冷面的主味是酸甜微辣，特点是冷，夏日炎热，一碗冷面，是最爽口的美食。冷面在东三省非常普及。冷面有白面的，有荞面的，无论白面荞面，都拌和了土豆粉面，异常筋道，入口弹牙，配上酸酸甜甜的冷面汤，一个字，爽。

冷面之酸，是复合之酸。醋酸、菜酸、果酸并举。何以如此说？冷面汤和配菜，包含了这几样。冷面汤做法有几种，配料各异，但有一样是不可少的，白醋。冷面的味道，是甜酸咸辣，其中的酸，用的就是白醋，也有用苹果醋、葡萄醋的，效果相近。正宗的冷面，用牛肉汤或鸡汤，牛肉汤、鸡汤与白醋的配合，最能体现酸鲜之味。这是第一酸，醋酸。吃冷面，有配菜，朝鲜辣白菜是必不可少的，不但有辣白菜加入，也连带把辣白菜汤也带了进来。辣白菜的主味是酸辣。这是第二酸，菜酸。正宗的冷面，还有几样配菜：牛肉或者鸡丝，苹果或梨，鸡蛋、香菜。几片牛肉，一片苹果，半个鸡蛋，几茎香菜，无论用梨还是苹果，都包含了自然之酸，这是第三酸，果酸。

冷面最初只流行于东北的朝鲜族聚居区，汉族地区并不流行。冷面真正在汉族地区流行起来，是黑龙江的朝鲜族带动起来的。原因有二：第一，黑龙江的朝鲜族，绝大部分是二十世纪三十年代以后从朝鲜半岛南部移民过来的。基本都是被日本鬼子强行征发过来的"开拓团"。开拓团有日本人，有朝鲜人，后日本人被撵跑了，朝鲜人却都留了下来。这些移民带来的是很晚近的朝鲜食俗。第二，因为是强征强安，又因为以隔离中国百姓而规划，所以黑龙江的朝鲜族居住地是不连片的，用东北话说，是插花居住。我在尚志县下过乡，尚志的河东，就是朝鲜族聚居区之一。我当年下乡到河东公社，全公社十八个大队，九个汉族大队，九个朝鲜族大队，就是插花分布。如此格局，给汉和朝鲜两族的交流带来极大方便。在朝鲜，基本是没有炒菜的，除了煮就是烤，但是黑龙江朝鲜族人的炒菜做得很好，这就是两个民族长期交流融汇的结果。同样，朝鲜的打糕、冷面、辣白菜，也流行于汉族之中。我第一次吃冷面，就是在尚志的河东公社，是鸡丝冷面。到北京工作后，住在西直门内，离西四近。西四有个延吉饭店，就有冷面，当年北京大约只有这一家朝鲜族饭店，冷面做得正宗，我是这家饭店的常客。记得当年大碗冷面五角四分，小碗冷面四角五分，馋了，去吃一碗，无论大碗小碗，都让我幸福感十足。

川渝经典三大酸

川味特征，大多以"麻辣"概括，但川味中酸的成分也占有相当比重，酸菜酸、泡菜酸、醋酸，是川味的重要组成部分。川菜中很多名点名肴，少了这几个酸，无法成就，譬如酸菜鱼，譬如泡椒兔，譬如川北凉粉。

在川菜菜谱中，酸辣味和偏酸、带酸的菜肴，大约仅次于麻辣味。川菜十八味，带酸的就有好几种。酸辣自不必说，鱼香调味，用的是咸酸味的泡椒，糖醋自然少不了保宁醋，荔枝口味，是糖醋与泡椒的复合。更不用说老坛酸菜烹出的各色菜肴。一桌宴席，讲求各种味道的调配，其中如果缺少了川之酸，一定逊色不少。

我年轻时在四川生活了四年，对四川感情很深。近十多年，有了空闲时间，几乎年年都到成都、重庆转转，到各地走走，体会川菜在新时期的演进，对川菜之酸，很有些新收获。在重庆，看洪崖洞，看磁器口，街上店铺中，大玻璃瓶里，泡椒、老坛酸菜红绿相间，不用吃，看着就让人馋涎欲滴。在南充吃过一次嘉陵江边的担担凉粉，担子一边是装着凉粉凉面的筐，另一边是一个小柜子，柜子里装着调料，有人要吃，凉面凉粉置入碗中，各种调料顺序入碗，一丝不苟，现吃现拌。想吃的人，要一碗，调料自选，保宁醋和红油是必不可少的两味调料。

阆中是四川有名的醋乡，食俗重醋酸。陕西有八大怪，阆中也有八大怪，其中一怪，"男女吃醋不争风"。说的是吃醋之普遍。张飞牛肉是阆中名吃，吃的时候，很多人都蘸醋吃，我也跟着蘸醋，蘸与不蘸，真是大不一样，蘸了醋的牛肉，入口酥软化渣，另有一股酸香味道。

自贡泡椒兔

到自贡，少不了要吃盐帮菜。川菜三大帮，小河帮是一大派系，盐帮菜是小河帮的帮头，在川菜中的地位是很高的。川菜中的两种烹调方法，就出自盐帮菜：水煮、活渡。水煮中最著名的是水煮牛肉。水煮牛肉，现在是川菜中的主角之一，源头就在自贡。活渡，最著名的是活渡花鲢。现在川菜黔菜中的酸菜鱼、酸汤鱼，都可以窥探出自贡活渡的影子。

盐帮这个词，其实包含了两个内容：盐商和盐工，所以盐帮菜又可以分为盐商菜、盐工菜和公馆菜三大支系。三大支系中，最精致化的，当数公馆菜。公馆菜，是过去各地盐商落地自贡后，相互往来时的宴宾之席，自然是精致大菜。公馆菜还吸收了各地各菜系的营养成分。盐商来自全国各地，山陕帮、云贵帮、湖广帮、江西帮，在吃上，各有各的口味，他们的私厨做出的各地风味菜，也在影响着当地的口味风格。虽然入乡既久，难免要受自贡当地口味的影响，但他们带来的原籍地食俗对自贡的影响也不能低估。自贡菜中的麻辣、辛辣、酸辣等各种口味都有各具特色的名肴，大约与此有关。我想，当年西秦客商的公馆菜，一定是酸辣口的。

川菜的主要特色是麻辣，但酸辣所占的成分也相当之大，保宁醋之外，酸菜、泡菜、泡椒的运用深入人心。以泡椒烹调的菜品很多都是川菜中的精粹。其中最具自贡特色的大约是泡椒兔。盐帮菜中，兔子菜很多，鲜锅兔、冷吃兔、辣子兔，等等。泡椒兔只是其一，而且，兔子虽是主菜，但泡椒大大多于兔肉，如同重庆的辣子鸡，辣子数倍于鸡丁。

泡椒，是泡菜中的一种，在川菜中也叫作"鱼辣子"，有用二荆条泡的，也有用小灯笼辣椒泡的，鱼香肉丝之所以叫鱼香肉丝，是因为其香来自鱼辣子。鱼辣子辣中带酸，色红味鲜，特点是去腥解腻，增加食材的脆爽。泡椒菜里除了泡椒兔，还有泡椒黄喉、泡椒腰花、泡椒肚片、泡椒田鸡、泡椒猪肝、泡椒黄鳝、泡椒鸭、泡椒鱼，等等。在川菜宴会中，泡椒菜往往能够起味道承转的作用，席间，麻辣、怪味、红油、干煸，皆为厚味，此时上一盘泡椒，酸辣清口，最后上一盆开水白菜，咸鲜收席，何等之美。

新繁泡菜

川人吃酸，摄入量最大的，莫过于泡菜。泡菜是四川人一日不可少的佐餐小菜，家家都有一个或几个泡菜坛子，过去都是陶坛，现在大多数已经改用玻璃坛，为的是能直观观察泡菜状态，不用以触摸的方式取舍，方便得多。泡菜泡菜，泡的都是菜，海椒、莲花白、豇豆、莴笋、黄瓜、萝卜，我曾写过一篇文章，说的就是对泡菜的热爱。

"吃川菜，压桌碟，我最喜好的有几样，除了川北凉粉、盐水白豆、夫妻肺片、口水鸡、麻辣兔丁、棒棒鸡、卤牛肉，都是常点的。还有两味，酸口的，也很受我宠爱：老醋蛰头、新繁泡菜。老醋蛰头吃过不少，做法不尽相同，有与黄瓜丝拌食的，有用胡萝卜丝拌食的，还有和老醋花生合一的。也有什么都不配的，就是海蜇，但是两种调料是必有的：老醋、大蒜。醋可去腥，使蜇头显脆，压腥增味。老醋蜇头作下酒菜，能醒酒，能爽口。我吃过最好的老醋蜇头，是在成都。说好，一是海蜇好，肥厚，脆嫩；二是醋好，用保宁醋，酸中蕴香；三是用糖调鲜，整个菜酸得柔和。并不在大饭店，就在小天竺的一家小店。可见寻美食，街头巷尾才是好地方。有一年到新繁，去看东湖，也是在一个么店子吃饭，这次不是海蜇了，吃到的美味是新繁泡菜。

"泡菜满四川，但是最负盛名的泡菜首数新繁。新繁泡菜取材广泛，最好吃的有几种：豇豆、萝卜、莴笋、海椒、仔姜、洋姜、莲花白。特别是这几样泡在一起，红绿黄白，光是看着，就能让人心花怒放。在东湖喝茶，喝完后找么店子吃饭。说么店子，真是么店子，大锅菜，来得快，四个菜，转眼就上桌。肥肠洋芋、春芽白肉、凉拌莴笋、炝炒瓜条。在新繁吃饭，泡菜是不用点的，店家自然会奉上，不算钱，不够吃，再要，或者自己到大坛子里拣。肥肠嫩，洋芋粑，青绿的香椿芽剁成细末，白肉裹上一层绿，一点儿不腻，只觉得香。但最好吃的，还是泡菜，不要钱的泡菜。这顿饭，别的菜都没吃完，泡菜吃完一盘，又要一大盘，白酒半斤，基本都是就着泡菜喝完的。"

川北凉粉保宁醋

凉粉各地都有，四川的凉粉，最有名的要数川北。川北凉粉好，一个重要因素是川北有好醋——保宁醋。若干年前到川北川东旅游，走了几个地方，吃川北，印象深的，南充的川北凉粉是头一个。

川北凉粉兴于南充，现在已经是川味小吃的精品，全国各地的川味饭馆，几乎无一例外，都有这个东西，大多数当作凉菜入谱。既可作单味小吃，也可作下酒菜，一般宴席上，常与泡菜、卤肉一起作压桌碟，开胃菜。川北地区作为川菜的一个大区，创制出不少精品，盐皮蛋、陈皮牛肉、蒸凉面、菜豆花，但知名度最高的，还是这个白嫩红亮几点绿、麻辣酸香引馋涎的川北凉粉。凉粉好，调料也要好。辣椒要香，花椒要麻，姜葱要鲜，大蒜要细，用保宁醋，麻辣酸鲜俱备，拌出来的凉粉才美。

保宁醋是南充下辖的阆中的特产，位列中国四大名醋，和山西陈醋、镇江香醋、福建永春醋齐名。保宁醋继承山西老陈醋的工艺，又有所发扬。阆中在历史上是保宁府，阆中出品的醋也因此叫保宁醋，这也说明阆中产醋的历史不短。

保宁醋的工艺是山西传入的，据说是山西逃荒到保宁府的工匠创制的，保宁没有高粱，改用当地麸皮为料，历经三百多年发展，形成一套独特的工艺，尤其是制曲，用了六十多种中药，成为中国醋中唯一一款药醋。保宁醋因此成了中国四大名醋之一，阆中也成为西南最主要的醋乡。在阆中，在南充，以醋烹调的美食不少，川北凉粉只是其中之一。

江油地处川北，保宁醋在当地也流行。在江油吃当地名吃烧肥肠，有很有意思的现象：第一，这烧肥肠就干饭，在当地是早餐。一大早起来，吃一大碗烧肥肠，两碗干饭，在外地人看来很另类，但这就是江油人几百年来的传统。第二，吃烧肥肠干饭，要喝汤。什么汤？酸汤。葱花姜末盐巴垫底，倒一股醋，高汤冲开。肥肠肥，干饭干，一碗酸汤味道鲜。川北人吃醋，力压全川。

老坛酸菜

四川酸菜用的是青菜，这与东北用大白菜，山西用芥菜大不相同，特色鲜明。用盐也很挑剔，只用自贡的泡菜盐，认为这种盐能为酸菜促香，海盐是不行的。一般还要加点儿白酒，也是为增香防腐。再有，就是追求一个老字，老坛老卤，故称老坛酸菜。

老坛酸菜可以烹调出多种多样的菜肴，譬如酸菜鱼、酸菜豆花。川味酸菜鱼之所以风靡南北，为各方食客喜爱，是因为这款菜易烹调，味酸香，实在太招人喜欢。酸菜鱼在川菜谱系中比较年轻，历史上，多为家庭自作的家常菜，二十世纪九十年代才开始在全国流行，与毛血旺、重庆火锅、冷锅鱼、皇城老妈一起，出现在各个城市街头，吸引了大批食客，也改变了很多人对川菜只有麻辣的认知。

酸菜入面，也是美味，譬如重庆酸菜小面。大约七八年前，我从昆明返回北京，图便宜，买了特价机票，但是须从重庆转机，且重庆往北京的航班第二天上午才起飞。下午到达重庆，正逢晚饭时间，就在宾馆外面的一个小店吃面，吃的就是酸菜小面。重庆小面主流是麻辣口味，酸菜小面是支流，却得到大批饕餮客的青睐。相较大块牛肉的牛肉面、豌豆杂酱覆盖的豌杂面，酸菜小面肉丝软滑、酸菜清爽、润胃清口，更适合做早餐与宵夜。

逢酸必辣贵州酸

　　中国人吃酸，一般认为山西为最，其实是误解。最能吃酸的，是贵州人。山西人吃酸，依赖的主要是醋和酸菜，贵州人却能将酸派入日常饮食的每一个角落，做酸的食材琳琅满目：禾酸、菜酸、荤酸、果酸；做酸的手段五花八门：酵酸、泡酸、腌酸、糟酸、沤酸。进入贵州，就进入了酸食大世界。所以我一直以为，将酸食文化发挥得淋漓尽致的，非贵州人莫属。更让人佩服的是，贵州各地都有自己当家的酸。盐酸、腌酸、虾酸、香酸、臭酸、米汤酸、毛辣酸、酸菜酸、糟辣酸、酸笋酸、酸萝卜酸，哪个酸都让人入口惊叹，回味无穷。还有一个重要特点，贵州之酸，无一例外，都与辣相配。酸辣是贵州饮食的主调，这也是与山西之酸的重大区别。

贵州酸食的丰富，不去亲身体会，是难于理解的。独山、荔波有臭酸，以臭酸做汤锅，煮食鱼肉菜蔬，很多外地人闻之色变，即近锅边，也不敢下箸，但是一旦吃过，便会喜爱，甚至痴迷。

贵州是个多民族的省份，民族分布的特征很明显：东部南部是苗族、侗族、布依族、水族的传统居住区，北部以苗族、土家族和仡佬族为主，西部主要是彝族、苗族。就酸食文化而言，壮侗语族的侗族、布依族、水族、仡佬族和苗瑶语族的苗族最为丰富。凯里酸汤、都匀四酸、独山三酸，都出现在这几个区域。相对而言，南三州是贵州吃酸最突出的地方。食用方式以酸汤锅为主。虾酸、香酸、臭酸、米汤酸、毛辣酸、酸菜酸、糟辣酸、酸萝卜酸、酸笋酸，无论荤素，均可做成鲜美汤锅。

贵州饮食中，汤锅所占比重大大超过煎炒烹炸，但是炒菜用酸，也有相当经典的美味，独山的盐酸炒肉便是。贵阳以汉族人口为主，吃酸亦盛，丝娃娃这款酸酸辣辣的街头小吃，到处可见。即便彝族人口集中的六盘水、毕节，也有很经典的酸食，酸菜汤锅、酸萝卜汤锅在这两个地方是相当流行的。因此，我希望到贵州旅游的朋友，除了看山水风光、看民族风情、看歌舞、听大歌，一定要把寻觅贵州美食列入旅行计划，凯里酸汤鱼、铜仁酸萝卜、都匀糟辣酸、贵阳丝娃娃、六盘水酸萝卜猪脚，都尝尝，说不定，就会迷上贵州的"吃"，对贵州恋恋不舍。

镇远红酸汤

贵州之酸，最美是酸汤。酸汤中最著名的，是毛辣酸和米汤酸，由汤色分，分别被称作红酸汤和白酸汤。第一次到贵州吃酸汤，是在镇远和凯里。镇远吃的是红酸汤，凯里吃的是白酸汤，因为是第一次，留下的印象深刻至极。我在《食客笔记》里，曾专门做了记载。

吃镇远，给我印象深刻的，不但酸汤好，而且价廉。"镇远的第一美食是红酸汤。贵州是淹在酸汤里的山场，吃酸汤不稀奇，但镇远的酸汤加了一个'红'，就成了特色。到镇远的当天晚上，就找了一家小店，吃红酸汤。小店不大，矮桌矮凳。因为冷，店堂里生了几盆炭火，让顾客取暖。店里的老板、服务员、顾客分不出来，衣着无异，且都坐在板凳上烤火。一声呼喊，服务员才懒懒地站起来，将火盆推到我们的桌前，告知一应事项：菜品分为荤素两种，荤菜装盘，五元一盘；素菜装筐，免费；米饭一人一元，不限量，均自行取食，餐后数盘结帐。简单明了。须臾，大锅酸汤上桌，果然鲜红。汤面牛油漂浮，酸味已微微飘出，煞是喜人。店小，菜品颇不俗。荤菜有牛肉、羊肉、猪肉、鸡块、鸡胗、鸭血、鸭肝、鹅肠、脑花、牛肚、百叶、猪肠、腰片、鱼片、鱼头、泥鳅、鳝段、鹌鹑蛋等二十余种，均装小盘；素菜有茼蒿、白菜、菠菜、芫荽、菜花、芥兰、藕片、海带、洋芋、魔芋、豆腐、豆干、豆皮、面筋等十余种，均装小筐，食者自取。

这一顿吃得满头冒汗，计六盘荤菜，两筐素菜。中间老板还给添了一次酸汤，总计花费三十二元。在北京的黔菜馆子里，这是一个锅底钱。"

红酸汤用的是毛辣果——野生西红柿，这东西如果直接剁碎煮汤，味苦涩，无法下口，贵州人将其发酵，去除苦涩，之后才用以烹调。白酸汤用米汤，浓稠适宜，需要有老汤作为引子，米汤盛出，晾凉，加入少许老汤，放在罐子里，热天一两天，冷天三四天即可发酵完毕，发酵后的米汤变酸，汤色变清。在黔东南，很多人家做酸汤，是二合一的，就是将米汤酸与毛辣酸配合在一起，酸汤锅飘逸出来的味道，就是一种复合酸香。此时，无论下肉、下鱼、下豆腐、下菜，一律酸香可口。

在榕江、从江，还流行吃"瘪"，取牛羊之胃液，因混合了胆液、胰液、胃酸，其味酸苦，但极其清凉。酸汤是酸香，"瘪"是苦香，共同构成黔东南两大美味。

都匀品味糟辣酸

都匀的主要世居民族是布依族和水族，这两个民族的饮食习俗中，对酸的追求是相当执着的。都匀四酸，可以说是都匀酸食文化的物质载体。在都匀吃酸，我曾有过记录："贵州各地都有酸，都匀四酸最具特色。都匀四酸，是虾酸、香酸、酸菜酸、糟辣酸。四酸，不是小吃，除了酸菜可以算作菜外，其他三味都是调味品。在都匀吃饭，顿顿都要和这四酸打交道，因此，如果探寻都匀风味，可以大致简化为四酸风格。都匀酸菜，与川酸菜相同，用青菜，但因为腌制过程中加入辣椒和醪糟，口感与川酸菜大不同。贵州人腌酸菜，青菜晾干发蔫后，加入盐、辣椒粉、白酒、醪糟和蒜片，所以贵州酸菜的口感是酸辣甜，这种酸菜，流行贵州全省，但是最好的酸菜，就出在都匀。酸菜在都匀人的饮食中无处不在，生食、凉拌、炒肉、扣肉、煮汤，在都匀吃饭，每顿饭都要遇到此君。虾酸是将小河虾小杂鱼发酵而成。小河虾小杂鱼拌盐发酵，发酵后气味发臭，此时与辣椒、醪糟和都匀人叫作木姜子的野胡椒拌和，放入坛子二次发酵。再次发酵完成，仍然是臭，但是，这个臭已经加入辣的成分，成为辣臭，也可以叫作辣香。吃火锅，无论羊肉、牛肉、狗肉、猪杂碎、牛羊杂碎，下锅便成，化腐朽为神奇，酸辣鲜香，妙极。香酸用淘米水制成，特殊的是泡入指甲花叶，指甲花，也叫凤仙花。淘米水泡指甲花叶发酵变酸后，与骨头汤混合，再发酵，便是香酸。吃的时候与虾酸相似，大把辣椒伺候，猪牛羊狗入锅便是好火锅，配上蘸水，就是好菜。"

四酸中，最简单的是糟辣酸，大红辣椒捣碎，拌入盐、姜末，加少许醪糟，入坛发酵即成，炒菜、酸汤均可，其辣尤其鲜香。我吃都匀糟辣酸火锅，是都匀朋友为我送行，在都匀的贵侯苑大酒楼吃火锅，用的便是糟辣酸。

糟辣酸火锅最适合家庭自作。一是材料易得，二是烹调简单。热锅大油，以姜丝蒜片红椒花椒炝锅，下糟辣子，炒至香味飘出，加草果、八角、肉蔻，与肥瘦肉片同炒，以取其味，诸料混合，加水煮沸。吃时往汤锅中添加肉片鱼片各色菜蔬即可。

酸酸辣辣丝娃娃

贵州人吃酸，大多数是菜酸、果酸、荤酸，都是取乳酸之香。但是有一款小吃，用的却是醋酸：贵阳的"丝娃娃"。

我在旅行笔记里写过丝娃娃："丝娃娃，听起来像玩具，却是一味美食。到贵阳，吃一顿丝娃娃，是对贵阳这个城市的一种感受。丝娃娃，如同包小娃娃的襁褓，内里包的，是蔬菜切成的细丝，故称丝娃娃。菜丝中，有洋芋丝、红萝卜丝、酸萝卜丝、胡萝卜丝、黄瓜丝、海带丝、青笋丝、折耳根、韭菜段、粉丝，等等，还有两样重要的伴侣：凉面、酥黄豆。这些菜，无一为辣，但吃这个菜，却是酸辣外加微腥的风格。酸来自醋，辣自然是油辣子，腥，来自鱼腥草，即折耳根，外加小葱、酥黄豆，几者混合，就是丝娃娃的调料，不说蘸碟，是因为不能蘸食，往下一蘸，丝娃娃们便要掉出来。吃丝娃娃，菜丝放在碗里，请君自取，包丝娃娃的襁褓，其实是巴掌大的米皮，米浆在平锅里摊成。包成襁褓状，吃的时候，用调羹舀一勺调料，自然会包含几节鱼腥草，几粒酥黄豆，倾入襁褓之中，酸酸辣辣的丝娃娃便成了口中美餐。"这个丝娃娃，在贵阳的街头巷尾都能吃到，很多女孩子是拿它当饭吃的。

黔菜中，以醋调酸的不多，丝娃娃是不多见的一款。但是对醋的运用，却也不少。很多贵州人吃豆花，打蘸水，也要加入醋。毕节有一种醋，叫威宁甜醋，吃凉拌粉，加入甜醋，味道极美。我在毕节吃过，滑软酸辣，至今难忘。

不过总体说，贵州醋名气不大，消费群体大约只限于贵州本地。贵州最负盛名的大约应该算"赤水晒醋"。从这个"晒"字上就知道，赤水晒醋与山西陈醋"夏伏晒，冬捞冰"别无二致。由于生产周期长，也可以称作老醋。醋酸在诸多黔酸中，虽然弱小，却也占有一席，如此，丝娃娃越发显得珍贵。

铜仁吃酸

铜仁地处湘黔渝三角地带、贵州省东北部，是土家族和苗族的聚居区，饮食习惯带有很浓重的土家族和苗族风格。因此，酸食文化在铜仁很发达。酸渣肉、苞谷酸辣子，是很多人的日常饮食，外地人来旅游，在饭店吃饭，也很容易吃到。特别是走了黔东南，吃过酸汤江团、酸汤牛肉后，到铜仁，吃铜仁的酸渣鱼、糯米酸辣子、酸汤角角鱼，一定能够体会到二者都是酸，却酸得不太一样，由此对铜仁饮食有一个直观的认识。

铜仁最有名的小吃是锅巴粉，最具酸味特色的，是街头巷尾到处可见的酸摊，酸摊的大盆里浸泡着酸萝卜、酸黄瓜、酸青笋之类。很有些广西风格。但对我来说，铜仁吃酸，印象最深刻的还是酸汤。从梵净山下来，到一家"酸汤角角鱼"吃铜仁酸汤。角角鱼在各地名字都不同，北方大部分地区叫嘎鱼，东北叫嘎牙子；南方有叫黄鸭叫的，有叫黄辣丁的，还有叫黄刺骨的。在铜仁就叫角角鱼，最佳吃法是酸汤煮食。但不同于凯里的米汤酸、毛辣酸，而是先将鱼以醪糟、白醋腌制，之后下锅煎炒，其后下酸辣椒、酸菜，加水慢煮，木姜籽、折耳根调味。以醪糟、白醋腌制，是因为角角鱼腥味远大于江团、黑鱼，先行煎炒，也是去腥的一个步骤。再加以酸辣椒、酸菜，腥味荡然无存，剩下的，就是一个鲜。爬山爬累了，下山吃一顿酸酸辣辣、鲜鲜爽爽的酸汤角角鱼，真是好享受。

兴义酸笋鱼

铜仁有酸菜调酸的酸汤角角鱼，黔东南有米汤酸和毛辣酸的酸汤鱼，黔西南有酸笋鱼。酸汤角角鱼带有土家族风格，酸汤鱼是侗族味道，酸笋鱼可以说是布依族味道。

访贵州，走得最多的，是兴义，因为太喜欢兴义这个地方，万峰林、马岭河不用说了，万千风光集于一身，总也看不够。更吸引我的，是兴义的美食，刷把头、三合汤、杠子面、鸡肉汤圆、凉剪粉、羊肉汤锅，每次去，都要大吃一番。

与黔南州一样，黔西南也是布依族人口集中的地方，但两地饮食习俗却多有不同。独山三酸、都匀四酸中包含的那种浓烈的味道，在兴义少见，都是酸，兴义也清雅得多，最平常的是酸辣椒、酸笋、酸菜、酸藠头，那种味道浓烈的虾酸、臭酸，在兴义无有。兴义的酸汤鱼，所用之酸不是毛辣酸，也不是米汤酸，正是酸辣椒、酸笋、酸菜、酸藠头四味，主要用的是酸笋，故而也称酸笋鱼。

酸笋，是壮侗语族各民族都很珍视的美食，黔西南和滇东是布依族人口集中的一个区域，以酸笋烹调的美食非常流行，酸笋鱼只是其中一种。酸笋做的酸汤，还包含了酸辣椒、酸藠头，有的还加入了西红柿，但主要是酸笋，酸笋的量，有时候比鱼还多，葱姜蒜炝锅，清水煮沸，酸笋片或丝先进锅煮，笋熟，下鱼，一般是整条鱼下锅，须臾汤再沸，便可享用。自然，蘸水是少不了的。糊辣子、折耳根、香菜和腐乳调成的蘸水，能将鱼肉的鲜美更好地激发出来。如果是招待客人，吃鱼前，先给客人盛小半碗酸汤，汤中撒几粒小葱丁丁，滚热鲜美的酸汤，能把客人的心熨得暖洋洋的。

在兴义，除了用酸笋调酸，用酸萝卜做酸的菜肴也不少，酸萝卜鱼、酸萝卜猪脚，都很流行。有一年，黑龙江一个老朋友，摄影家仲跻才到云南采风，我也撺掇他到兴义一游。看完万峰林，晚上吃饭，问他："能吃酸汤吗？"回答："没吃过，见识见识。"不吃酸汤鱼，吃酸萝卜猪脚，带他到一家小店，吃正宗兴义酸汤猪脚，一碗汤喝下，摄影家便高声夸赞，接下来，两个人把一锅猪脚吃完，酸汤也喝到锅底。吃完，仲跻才说了一句让我难忘的话："没想到猪脚还能这么吃，太好吃了。"

千奇百怪云南酸

云南是一个多民族的省份，世居民族就有二十六个。云南少数民族，分为几个族系，氐羌系民族最多，人口也最多，包括彝族、白族、藏族、哈尼族、傈僳族、纳西族、景颇族、普米族、阿昌族、基诺族，独龙族、怒族，都是藏缅语族民族。苗瑶族系的苗族、瑶族，在云南的人口也不少。百越族系民族包括傣族、壮族和布依族。傣族和壮族，在云南七个自治州中占有三个。南亚语系孟高棉语族的佤族、德昂族、布朗族，也是云南重要的民族成分。此外，云南还有人口数量很大的回族。阿尔泰语系的蒙古族、满族，尽管人口不多，但在全省各地都有分布。云南各民族族源不同，语言不同，居住地域的地理气候大不同，物产各不相同，但是在食俗上，却有很多共同点。喜辣、喜酸、喜甜，很多菜式的味道是酸辣甜的复合味道。

虽然各个民族都有喜酸的饮食习惯，但食材却各不相同。很多民族地区的酸食，简直可以用千奇百怪来形容。不到云南亲口尝一尝，是无法想象出来的。比如傣族的酸芭蕉心、白族的酸木瓜、布朗族的酸茶，很多外地人闻所未闻，更遑论有幸品尝。大理的李子酸、龙陵的蚂蚁酸、版纳的青杞果酸，临沧的酸角酸，在很多外地人眼里，也是相当陌生的。

在云南，到处走走，能吃到不少好东西。到丽江，可以吃到纳西人的酸鱼。到文山，可以吃到壮族人的酸大头菜。到版纳，就进了酸笋的老家，不但有酸笋，还有柠檬、青杞果、酸角、菠萝。到昭通，一定能遇到回族汉族共爱的美食，酸菜红豆汤。到昆明，想吃酸腌菜，那可就太方便了。如果恰逢春节，还可能吃到昆明人家自制的亦荤亦素、酸味十足的长菜。

云南人吃酸，普遍到什么程度呢？看看米线便知。到米线店吃一碗。无论是小锅米线、过桥米线，还是凃肉米线、土鸡米线，酸腌菜必不可少，即便碗里没有，店里的条案上也一定有一大罐放着，随君取用。我粗粗统计了一下，以我自己见闻，云南酸，除醋之外，至少有十六种：酸腌菜酸、酸木瓜酸、酸笋酸、糟辣子酸、泡辣子酸、酸角酸、柠檬酸、菠萝酸、蚂蚁酸、芭蕉心酸、酸萝卜酸、梅子酸、李子酸、酸茶酸、酸水酸、长菜酸。要都想吃遍，不在云南待个几年，不可能。

新平弥渡酸腌菜

酸腌菜，是云南各民族共有的一款腌菜，是用大青菜，即云南人所说的苦菜，加盐巴、红糖、辣子腌制而成的，味道咸甜蕴酸，极有特点。酸腌菜可炒食，可汤食，可拌食，可配米线饵块面条。旧时节在农村，甚至可以当零食，哄小孩子，给一根菜梗，便可让孩子高高兴兴。云南酸腌菜最有名的是两个地方，新平和弥渡。

新平是玉溪下辖的一个彝族傣族自治县，弥渡是大理下辖的一个彝族回族自治县，两个地方在云南都很有名气，因为这两个县都是著名的美食之乡、音乐之乡、戏剧之乡。新平地处哀牢山脉中段，自然风光秀丽。新平的傣族是花腰傣，衣饰艳丽，民俗独特。国歌作者聂耳的母亲，就是新平傣族。

新平有两个镇子在云南是很出名的，出名就出在当地的美食。一个是漠沙，一个是嘎洒，都是花腰傣聚居区。嘎洒的黄牛肉汤锅很有名，嘎洒人吃牛肉，第一带皮吃，第二从头吃到脚、从里吃到外，头、蹄、下水一样不落。镇子里有一口大锅，号称"天下第一汤锅"，大有气势。漠沙是民间音乐之乡，聂耳母亲就是漠沙人。虽然是傣族音乐，但是漠沙的器乐却多用汉、彝民族的三弦、二胡、唢呐、大鼓、镲等，与版纳傣族的铓锣、葫芦丝迥异。漠沙的美食，也以汤锅为重，每逢街子天，围着汤锅吃牛肉，是最常见的场景。

在新平，还有两样美食，一个是鲜花菜，一个是菌子菜。哀牢山是植物大宝库，花卉种类繁多，大多数可以食用，所以，到新平，能吃到的花有几十种之多，攀枝花、芭蕉花、大白花、金雀花、苦刺花、棠梨花、地莲花，哪个季节都有。菌子菜就更多了，虽然菌子菜有季节限制，但是如果应季而往，一定会被新平菌子菜的美味折服。

弥渡美食，名扬全滇，云南有句流传很广的民谚，"到了弥渡，不想媳妇"，说的是弥渡饭太好吃了，让人吃得不想离开，连媳妇都不想了。弥渡也是有名的民歌之乡，被称为东方小夜曲的云南民歌《小河淌水》，就出自弥渡。弥渡好吃的多，有几样是很有名气的，卷蹄、蜂肝、黄粉皮，这几样东西，每年春节，凡是弥渡人到昆明春节市场上卖，我都要买点儿，特别是黄粉皮，油炸了，下酒吃，酥脆香，特有味道。

第一次到弥渡，回来就写了一篇游记，描述弥渡的几样好吃的："卷蹄，看着是个猪蹄子，实际内容已经改变，是将蹄子的骨肉都旋下来，就剩皮，然后把拌制好的里脊肉塞进去，无骨猪蹄，如同香肠。拌里脊肉，调料讲究，主要一味是红曲，还有草果、茴香，都磨成粉，用包谷酒调和，加盐。拌好的肉味道十足，猪蹄已经表里不一，成'卷蹄'了。放到坛里发酵，味道浓时，取出蒸熟，再放回坛子，用萝卜丝醡将卷蹄填实储存。醡，古已有之，先周即有记载，是一种用面粉加菜蔬腌制的食品，内地已不多见，在云南还保留着。吃卷蹄时，切成薄片，可凉食，亦可蒸食，萝卜丝醡当然也可以吃，好吃。

"蜂肝，也是弥渡才有的美食，做法也奇怪。调料和卷蹄相类，少不了红曲、辣子、草果八角茴香粉，但不用酒，用鸡蛋清，将调料调匀，往鲜猪肝的血管里灌，灌不进去就吹，反正要灌进去。这回不用腌了，放在通风处风干。风干，蜂肝。吃的时候将肝煮熟，切片即可。和卷蹄一样，都是下酒菜。"

新平和弥渡的美食各有不同，但是有一样是相同的——酸腌菜。

云南的酸腌菜有两种，一是干腌菜，一是水腌菜。云南人说起酸腌菜，往往脱口出来的，要么是新平腌菜，要么是弥渡腌菜。新平腌菜，和其他地方的腌菜并无不同，出名的原因，主要是新平出的大青菜好，云南人叫作大苦菜。生长在哀牢山的大苦菜，菜秆是扁的，长得大。长得高的，能有一米多，单棵就有十二三斤。别看大，却嫩，最适合腌水腌菜。在新平吃饭，桌上肯定有几碗腌菜，除了酸腌菜，还有泡姜、糟辣子、苤菜根之类。

弥渡的水腌菜和干腌菜都很有名，酸甜适度，菜汁丰盈，看似柔，入口脆。酸腌菜日常吃法很多，下饭，剁腌菜炒肉末；米线、面条，酸腌菜拌和；饵块，与碎腌菜共炒，配上火腿片；汤锅，直接将酸腌菜投入即可，酸辣汤汁，无论羊肉还是带皮小黄牛肉，都能把香味带起来。

海稍鱼

云南有座鸡足山，是有名的佛教名山，是汉传佛教、藏传佛教、南传佛教共同的圣山，在中国独此一山。

这座山在大理白族自治州的宾川县。宾川县不但有名山，还是云南有名的水果产地，宾川橙子、宾川椪柑、宾川金橘，产量大且口感佳，都是云南名果。难得的是，宾川还有一味美食——海稍鱼。

云南多水，多水就多鱼。但是云南人吃鱼，远没有湘赣闽粤各菜系多种多样的烹饪方式，傣族、景颇族多做成烤鱼，汉族、白族、彝族多炖煮，纳西族有做腌鱼的，其他民族也基本相似。我印象中，云南鱼肴，名气大些的，也就是版纳德宏的烤鱼、大理的海稍鱼。从味道上说，烤鱼追求的是辣，海稍鱼追求的是酸。

到宾川旅游，不上鸡足山，等于白来一趟，不吃海稍鱼，也等于白来一趟。海稍鱼不是鱼的名字，是产地，海稍水库产的鱼，主要是花鲢和白鲢。海稍鱼的做法简单，就是炖煮。吃海稍鱼，要打蘸水，蘸水里最主要的作料是辣子和蒜，辣子一定要用丘北辣椒，蒜一定要用宾川当地的香蒜，这两样，味道足且性温和。炖煮海稍鱼的做法有两种，一种是清汤鱼，一种是酸辣鱼。酸辣鱼的调味又有两种，一种是用醋，这是最普通的做法，另一种是用酸木瓜，这就讲究了。酸木瓜我在云南之外还没有见过，所以外地人一般都不认识。但以酸木瓜调酸，实在奇妙。外地人到宾川，看鸡足山，吃海稍鱼，觉得酸得特殊，问老板，这是什么酸？老板说，酸木瓜，从锅里捞出一片让客人尝尝，尝了，大为夸赞：清雅，清雅，韵味十足啊。

酸木瓜海稍鱼，是鸡足山旅游开始兴旺之后才从农民家中走向市场的一个菜品。水库周边的农民，看到每天到鸡足山的游客络绎不绝，就在海稍水库的公路旁开起饭店来，按照当地农家做法烹饪海稍水库的鲢鱼。没想到这肥肥美美的鲢鱼，酸酸辣辣的味道，鲜鲜嫩嫩的汤水，竟然征服了前来观景朝佛的众多人等。所以我希望到大理、到宾川旅游的客人，看完苍山洱海，看完鸡足佛光，一定要吃一顿酸木瓜烹制的海稍鱼，才算游得完整。

版纳饭

西双版纳傣族自治州，是中国傣族人口最集中的地方，版纳食俗，可以代表云南傣族的饮食风格，具体说，可以归纳为黏、辣、酸、苦。黏，是糯米，这是傣族人的主食。傣族人，认为糯米饭是最好吃的，无论吃饭团还是吃竹筒饭，用的都是糯米。就连版纳包谷，也是糯包谷，很小巧，黏性十足。

辣，傣族人吃辣，是相当突出的，小米辣日常必备。做撒丕，做喃咪，小米辣是主调。傣族的辣，可不是一般的辣，比如版纳烤鱼，肚子里塞的一半是小米辣，不善辣的外地人，到版纳吃烤鱼，几乎无法入口。

苦，也是傣族人最喜爱的味道。究其缘由，版纳炎热，苦味与清凉总是联系在一起的。版纳之苦，自于苦瓜、苦笋，更自于苦撒。苦撒是傣族人日常最常食用的蘸料。是取牛的苦肠水制成的，具体说，就是牛胃液与胆汁、胰汁的混合物。但苦撒的配制很讲究，牛苦肠水熬开，加入葱姜蒜和剁得碎碎的小米辣，为了让其更苦，有时还要加上煮熟的苦胆，对有些人来说，即便不蘸撒丕，只吃苦笋，已经苦不堪言，但是傣族人却自得其乐。

黏、辣、苦，只是傣族食俗中的几个点，提领这些味道和口感的，却是另一味：酸。无论吃黏、吃辣，还是吃苦，都要配上酸。酸肉酸菜、酸笋酸果，一日不可少。

我到版纳的次数不少，在版纳吃过的傣族饭也不少，在版纳下饭店，吃早点，酸汤米干、豌豆粉，都酸得可爱。吃正餐，糯米饭，配菜中总有几样是酸味十足的。酸牛筋、酸牛头脚等，火烧肉不酸，但要蘸着番茄喃咪吃。下饭，要一盆酸扒菜，软烂适口，酸得可爱。

傣族人制酸，多种多样，最妙的是酸牛筋和酸牛头脚。杀牛后，将牛筋取下，煮熟，用盐巴、辣子、花椒、姜蒜拌匀，在坛子里腌。腌成的牛筋味道酸辣。酸牛头脚做法亦然，都是下酒极好的冷盘。

下饭菜莫过于酸扒菜。酸扒菜在傣族饭店里是常备菜肴。酸扒菜的酸，来自酸笋、酸木瓜和番茄。这几样酸味十足的东西与大叶青菜一起炖起来，炖到青菜软烂，即是酸扒菜，"扒"其实应该写作"粑"，是"软糯"的意思。酸扒菜也可以荤做，比如煮鱼，就是酸扒鱼，放鸡，就是酸辣鸡，放猪蹄子，就是酸辣猪脚，不拘一格。煮五花肉，煮黄鳝，煮田螺，煮螃蟹，煮牛干巴，也可以，都是好菜。

在版纳，为菜肴调酸的，除酸木瓜、酸笋、番茄之外，还有酸角。酸角除了酸，还带有一种特殊的果香，酸角炖汤煮鱼、煮黄鳝，可解腥除腻，小米辣加入，又带了清爽的辣味，那酸汤特别开胃。

酸汤猪脚说富源

富源是曲靖市辖的一个县，与贵州盘县接壤。明末徐霞客来云南，就是从盘县过胜境关，进入富源，再从富源到沾益，之后到昆明的。富源最有名的美食是酸汤猪脚，在云南，经营酸汤猪脚的饭店，大多打富源的招牌。

云南人在吃上是很大气的，对猪腿、猪脚的界定，和其他地方有些不同。比如火腿，金华火腿，就是腿，猪脚连着肘子，不大，十多斤一个。云南的宣威火腿，把猪腿以上的很大一块都连了进来，都快靠上脊梁骨了。一个"宣腿"有四五个"金腿"大，四五十斤是有的。其他地方说猪脚，就是猪蹄子，猪蹄子往上的部位，叫肘子。云南人不是，肘子带猪蹄子，连在一起，统称猪脚。所以富源猪脚其实带了肘子，个头硕大。

富源猪脚吃起来极爽，第一是酸爽，第二是脆爽，第三是清爽。吃的是大块的肉，但毫无油腻之感，关键是那锅酸汤，一酸解三腻。肘子加工简单，炖到软糯，捞出，切大片，蹄子剁成小块，备用。酸汤有两种，一种是酸菜，一种是酸萝卜。富源近黔，所以无论酸菜还是酸萝卜，与贵州做法盖无二样。先做酸汤，葱姜炝锅，之后将酸菜或酸萝卜倾入翻炒。酸菜要切细丝，以便将其中酸味尽量挤压出来，萝卜同样切细丝。有的饭店不切，而是用刮子刮，刮成细细的长丝，晶莹透亮，打眼一看，以为是粉条。煮肉之汤，在此回锅，加香料一并煮开。香料是很讲究的，八角、草果、茴香、山柰、香叶、桂皮、砂仁、肉蔻之类。之后大火煮开，把猪脚大片和小块一同入锅。这还没有完，还有一道主要工序：将干辣子和花椒用沸油炝酥，连油倒入酸汤。此时从锅里捞出大片猪脚，在蘸水中洗一个澡，放入口中。酸辣鲜香一起袭来，美死了。

酸汤，云南人食用的广泛程度不如贵州人，但是云南人用以调酸汤的食材，却远远多于贵州。临沧人调酸汤，多用酸木瓜；版纳人调酸汤，多用酸笋；玉溪人调酸汤，多用酸腌菜。德宏人善用菠萝和柠檬，大理人善用梅子和泡椒，普洱人善用生杧果，龙陵人善用酸蚂蚁，耿马人善用酸角，昭通人善用酸菜。调出来的酸汤，千姿百媚，妙不可言。富源酸汤用的是酸菜和酸萝卜，在诸多酸汤中自有一席之地。

施甸肉生·洱源生皮

中国人吃生鱼的地方不少，广东、广西的鱼生，东北的杀生鱼，都是。即便不是传统吃生鱼的地方，饭店里总会有三文鱼、金枪鱼之类，虽然是从东瀛舶来的，总是有的。但是吃生肉的地方不多，即便是吃遍海陆空的老广，也少有吃肉生的。

云南吃肉生的，以滇西为多，施甸肉生和洱源生皮，最为典型。何以吃肉生与吃酸联系起来？因为吃肉生要调味去腥，最合适的是调酸，广东人吃鱼生，用红醋，云南人调酸，不用醋，用的是天然之酸。施甸用腌菜和酸蚂蚁，洱源用梅子醋和梅子酱。

施甸这个地方，主体民族是汉族，白族人口不多，但是地方食俗带了很多白族的因子。施甸肉生便是其一。施甸人吃肉生。过去只有在过年杀年猪的时候才能吃到，现在生活条件好了，已经不拘年节，什么时候都可以吃到。杀年猪是很隆重的，很多寨子都是一家杀猪，全寨子吃肉。杀猪，首先把猪脊肉取下，里脊、外脊均是猪身上最脆嫩的部位。将脊肉切成薄片或肉丝，先用盐巴、白酒拌和，为的是入味去腥。之后把切好的肉用水腌菜拌起来，肉生便做成了。吃肉生用的水腌菜一定要酸味十足，脆劲十足。如果嫌酸得不够，挤点儿柠檬汁。想吃更酸的，用酸蚂蚁，酸蚂蚁肚子里的那包酸，和肉生拌和在一起，就更过瘾了。肉生还可以拌在米线里吃，同样好吃。我在瑞丽吃过肉生拌米线，也用水腌菜，腌菜、肉生、米线三合一，脆生生的腌菜肉生把米线的爽滑衬托得淋漓尽致，那种酸爽，吃一次，永远忘不了。

与施甸肉生相似的，是洱源的生皮。但是洱源生皮取酸，却另有其妙，不用腌菜酸，用梅子酸。洱源生皮，是地地道道的白族美食。生皮的做法要复杂些，猪杀了，先用稻草或松毛点火，把猪毛烧掉，几个大汉各持一角，来回翻转，要把各处都烧到，都烧糊。其后用水将烧过毛的猪清洗干净，一边洗，一边用刀刮，直到把猪皮刮得干干净净，皮色金黄。其后是把烧得半熟的猪皮割下，切成大片。里脊肉和后鞧肉分别切丝，因为火烧不到肉，自然是生肉。生皮倒是半熟的，吃的时候简单，蘸着梅子酱、梅子醋吃便可。生肉也可以蘸着吃，但是有精细的吃法——用梅子醋拌食。洱源的梅子酱和梅子醋都是云南有名的特产，梅子醋里加入姜蒜芫荽胡辣子，与肉生拌和起来，酸辣香。到大理旅游，如果碰上洱源生皮，一定要尝尝，见识一下梅子酸的妙处，说不定会一"吃"钟情。

荤酸素酸湘鄂酸

　　湘鄂两省，历史上同属一个政区——湖广。但是就食俗而言，两地的离散程度却很高。湖北大部分地区饮食口味是很中和的，特别是江汉平原，口味咸鲜，不辣、不酸、不麻。不过也非全体一致，宜昌近重庆，偏辣带麻，恩施靠湘西，辣中带酸。不过总体而言，中和还是湖北大部分地区的主导口味。到了湖南，就辣成一片，咸辣、油辣、苦辣、酸辣，各种味道都要沾点儿辣。就吃酸而言，湖南偏重，湖北偏轻，不过恩施除外，因为恩施处于传统的酸域。

　　湖南别称"三湘四水"，三湘四水都有相当美味的酸味菜肴，剁椒鱼头、酸豆角炒肉末、东安仔鸡、酸菜蒸肉、酸萝卜炖排骨，各地都流行。侗家的腌鱼腌肉，苗家的包谷酸、糯米酸，土家的酢广椒，在湘西也非常普及。与湘西相似，恩施地方的食俗也偏酸，我到恩施看清江大峡谷，下车住宿，宾馆对面就是一个恩施土菜馆，玻璃窗上有大大的红字"恩施刨汤、醉广椒"。到女儿城，看到卖恩施小菜的商店，货架上摆着坛坛罐罐，酸辣椒、酸豇豆、酸萝卜、酸姜，除了辣就是酸。到饭店，吃羊肉，是酸锅羊肉，问老板，有包谷酸吗？老板说，当然有，须臾端上一盘，包谷酸炒腊肉。

　　在湖南吃酸，不经意就能碰到未闻未见的美味佳肴。溆浦的酸菜猪大肠，常德的酸菜红豆汤，吉首的酸萝卜猪肚，都是偶然相遇。有一年到益阳，拜访周立波故居，在益阳小住两天，友人在"全德福"酒店请我们吃雪峰山珍宴。宴席丰盛，但桌中最受欢迎的一个菜，却是一碗不起眼的酸萝卜。酒席刚刚开始，别的菜还没动多少，一碗酸萝卜就见了底，再上一碗，亦然，干脆上一大盘，这才把桌子镇住。后来知道，益阳人家，都有一个"浸坛子"，这个酸萝卜，是"浸坛子"中最得人心的。在益阳，酸萝卜不但是酒席压桌碟，更是百姓家常菜，可以做出各种菜肴，河虾炒酸萝卜、酸萝卜老鸭汤，就连鱼锅，压底的，也是酸萝卜，且萝卜比鱼多。

　　几次到湘西，都没有去通道。前年访酸行，重走湘西，重点是通道，不但吃了酸鱼、酸肉，还吃了酸菜、酸粉、酸萝卜，对侗家之酸的认识，又增加了几分。但是湖南友人告诉我，你吃得还是少，见识还是窄，要想多了解三湘之酸，还得多来几趟。我想，湖南如此，大概湖北也如此，还需要多努力。

恩施包谷酸

　　恩施是湖北唯一一个少数民族自治州，主体民族是土家族和苗族，还有宋末元初迁入、落户恩施的云南白族。土家族和苗族的族系不同，土家族是巴人后裔，苗族是三苗后裔，但是这两个民族，楚国时就生活在一起，民俗的相互融合是可以想象的，食俗也很相近，嗜酸，就是其中之一。包谷酸辣子、糯米酸辣子，是恩施、湘西、重庆黔江一带土家族、苗族共同的美食。

所谓包谷酸辣子、糯米酸辣子，就是将包谷、糯米打成粗粉，与剁碎的鲜红辣椒拌和，舂成坨状，入坛盐渍发酵，发酵后的包谷辣子和糯米辣子酸香醇厚。包谷酸辣子用菜油、茶油炝锅翻炒，就是一道下饭好菜，糯米酸辣子亦然，且糯米酸辣子黏性大，还可以烙成糯米酸辣子饼，切成小块，油煎或油炸，下饭下酒皆宜。那种香，来自于辣，来自于酸，更来自发酵后那种醇厚的回味，不亲口尝尝，无从体会。

包谷酸辣子、糯米酸辣子，还可以与肉蛋同烹。包谷酸炒蛋，酸香复合蛋香。包谷酸炒腊肉，更是一道酒饭皆宜的好菜，我在恩施吃过一次，是在游完清江大峡谷后。爬了一天大山，劳累，肚饥，加上天晚，且小雨淅沥，有点儿冷凉。到饭店坐下，大盘包谷酸炒腊肉上桌，红黄绿白，五色斑斓，热气腾腾，香味萦绕，一下子就味蕾大开，馋涎汹涌，饭都多吃了两碗。

包谷酸辣子、糯米酸辣子，是土家族与苗族共同的传统美食，不只流行于恩施，湖南湘西、张家界、怀化，重庆的黔江、酉阳、彭水、秀山，皆然。这一带食俗偏辣偏酸，有历史原因。

历史上，统治者掌握政权的手段，除了军事、经济，行政手段也很重要，其中一个，就是盐政。盐是人之生命不可或缺的，正因如此，历朝历代的统治者，都把盐的生产销售作为统治利器，紧抓不放。相当长的历史时期，中南、西南地区的苗族、土家族、侗族、瑶族同胞，生活在缺盐的境况中，给食物调味，酸和辣成为重要依托，而能够生酸和辣的食材也自然成为这一地区各民族的共同追求。相比酸，取自辣椒之辣，是很晚近的事。据文献记载，苗族以辣椒代盐，出现在清乾隆之后，但中南、西南少数民族同胞的嗜酸食俗已有几千年历史。除野果之类的天然之酸，以粮禾为材，发酵取酸，可以说是这一地区少数民族同胞的智慧之光。

恩施吃酸，不止有包谷酸、糯米酸，酸菜、泡椒、酸萝卜都是日常佐餐之物。恩施酸萝卜干锅羊肉极富特色，到恩施，大可一尝。

溆浦吃酸

　　溆浦寻味，久已向往。溆浦历史悠久，是文化名城，屈原流放于此，楚辞诞生于此。近代，溆浦也是一个名人辈出的地方，中国共产党第一位女政治家向警予就出生于溆浦。到溆浦，看屈原流放地、访向警予故居自然是主要的，但是对我来说，寻味溆浦，同样重要。让我高兴的是，北京一位多年共事的兄长朱良祥是溆浦人，溆浦行便是应他之约，而且全程陪同。跟随溆浦人看溆浦、吃溆浦，溆浦六日，满目风光，大快朵颐。

　　溆浦地属湘西，食俗自然与周边相近。口味偏辣喜酸。在溆浦的几天里，走了七个乡镇，几乎天天都有良祥兄的亲友设宴招待，听说我是为"吃"而来，都竭尽全力，想方设法让我尝到溆浦各色土菜。溆浦鹅是必备的，在湘西，芷江、凤凰有鸭，溆浦有鹅，各领风骚。几顿溆浦鹅吃过，做法不同，鲜香皆然。

其他的，湘西土腊肉、火焙鱼、蕨根粉，都没少吃，特别是炒蕨根粉坨，是第一次吃到。最让我在意的，当然还是辣和酸这两味。

在溆浦，每顿饭吃完，都要将菜谱记下，录入日记。在葛竹坪吃过两餐，主人热情，午餐十四个菜，晚餐十菜一汤锅。这十个菜中，大部分主味为辣，但是以酸为主的有四个，泡椒猪大肠、酸辣椒炒牛肉、酸辣洋芋丝、炒酸菜。这个比例，不低了。

湘西的民族结构，汉、苗、土家三族占人口绝大多数，但汉族进入最晚，占人口多数，是从清雍正之后逐渐形成的，此前苗族和土家族人口一直占先。所以，从食俗上看，土家族、苗族饮食口味是基础口味。溆浦是人口大县，虽然土家族、苗族人口不多，但其食俗对后迁入的汉族潜移默化的浸润显而易见。溆浦方言属湘方言辰溆片，处于湘语向西南官话过渡地带。我一向以为，同一方言区的人群，在食俗上有相近的偏向。湘东偏辣，湘西偏酸，处于过渡带的人群，酸辣追求兼而有之。

溆浦土菜虽然仍应归入湘菜体系，但是其酸味所占比重明显大于相邻的益阳、娄底，更接近于湘西州。在我到过的几个城乡家庭，厨房里都少不了泡辣椒、腌辣椒、腌萝卜的坛子。饭后叙谈，老乡告诉我，你到家做客，十碗八碟必不可少，因为是招待客人。如若我们自己吃饭，常常是一碗炒酸菜、一碟泡辣椒下饭。

溆浦吃酸，印象最深的是酸辣椒炒牛肉。牛肉紧实，不易酥烂，以酸烹调，牛肉更不易酥松，所以一般烹饪牛肉，极少见到以酸为主味者。云南傣族吃酸牛肉、酸牛筋，都是先将牛肉炖至软烂，再腌制。在溆浦吃酸辣椒炒牛肉，就用生炒之法，虽然耐嚼，但是酸香盈口，湘菜之酸，在我的经历中，又增加一味。

通道酸鱼

寻酸之旅，通道是一个重要节点。数次到怀化，都是走到洪江、芷江就止步，到通道看看，是久已有之的期盼。通道是侗族自治县，与邻近的贵州黎平、广西三江构成南侗最主要的聚居区，民族风情浓郁。

由于居住区不同，侗族分为南北两支，湖南芷江、贵州玉屏一带的侗族被称为北侗，通道、黎平、三江这个三角地区的侗族，被称为南侗。北侗善舞，南侗善歌，通道一带便是侗族大歌最为兴盛的地方。到通道，不仅可以听侗族大歌、看皇都和芋头古侗寨、游万佛山、拜谒红军长征通道转兵纪念地，更为主要的，是能吃到正宗的侗族美食，体会"侗不离酸"的境界。

在通道住了三天，吃了三天，正如在自序中说到的。"不但吃了芋头侗寨的酸豆角干拌粉、万佛山脚下的酸萝卜猪大肠，还吃到了最正宗的通道酸鱼酸肉。细细咀嚼，浸透到肉丝中的酸香，能打动每一个味蕾。"

游芋头古侗寨，原本就打算在寨子里吃一餐正宗的侗家菜，最好能有酸肉，但是寨子里的小饭店只有粉。不过，让我惊喜的是，寻酸，碰到的就是酸——酸豆角干拌粉。回县城后，天色已晚，寻到一家饭店——"侗族人家"。问：有没有酸鱼酸肉？答曰：侗族人家，怎能没有酸鱼酸肉？坐下，酸鱼酸肉大拼盘顷刻上桌。入口细嚼，慢慢品味，一股似曾熟悉的味道在口中渐渐充盈，脑中好像幻化出第一次在芷江品味酸鱼的景象。

多年前到芷江看风雨桥，怀化同学带我们到芷江一个侗族民俗村，体验侗家生活。晚上喝米酒，吃侗家饭，一桌土菜，其中就有一碟酸鱼。有的同学认为不是酸香，是酸臭，不敢入口。我却特意揽过来，夹起一块酸鱼，大嚼起来。这是我第一次认识侗族酸食，嗅之有淡淡的臭味飘出，入口酸中带辣，细嚼，酸辣变淡，一股说不出的回香进入喉咙。虽然只吃了一块，却是我对侗家食俗的第一次体验。通道吃酸，让我再次回味起那美好记忆。

侗家吃酸的风俗，自于艰辛生活的创造。在中国历史长河中，侗族是一个苦难深重的民族。侗其实来自于"峒"，历史上，长期被称为"峒蛮"。受统治阶级压迫，生活困苦。特别是清中期改土归流后，土地被大量兼并，生活空间进一步被挤压。为了生存，侗族百姓在饮食上形成了广取食材、节约简朴、善于备荒的习俗。将蔬菜、鱼虾、肉类做酸以利保存，细水长流，就是侗族先民的创造。酸食不止于酸鱼酸肉，还包括酸小虾、酸螃蟹、酸泥鳅、酸鸡鸭，等等。酸鱼、酸肉、酸鸭被称为"侗族三宝"。在缺少盐，甚至无盐可食的年月，酸食成为深山中的侗族同胞的主要佐餐菜肴，包含了侗族同胞的智慧，也包含了饱受压迫的无奈。

侗族的酸食，是用米汤做酸，再用坛、桶将食材腌制。也有用酸汤直接煮食蔬菜鱼虾的，同样是侗族同胞喜爱的食法。酸鱼酸肉不宜大块入口，大嚼大咽。无论酸鱼酸鸭，下手最好，顺肉丝撕下，小条放入口中，细嚼慢咽，才能得酸香真谛。

东安仔鸡

一个菜系的形成，是要经历一个历史阶段的。之所以能成为成熟的菜系，必然有一系列经典菜品组合，而这些能够入谱的经典菜肴，是在菜系形成的过程中千挑百选，从而脱颖而出的，所谓众口铄金，方能成就。

湘菜的主味是咸辣，但是酸味在湘菜中所占比例也不小，酸菜、剁椒、酸萝卜、酸豆角参与的菜肴，占菜谱相当大一部分。醋酸在湘菜中运用得不多，但是只要醋入馔，成就的就是经典，譬如被称为东安仔鸡的东安醋鸡。我在《寻味中国》一书中特意写过这只酸香鲜嫩的鸡。

　　"湘菜中，有几个菜是很显赫的。红烧肉，现在已经冠以'毛家'二字，当居首位。天下的湘菜馆，如果没有剁椒鱼头，便当不起湘菜馆这个名字。此外，浏阳小炒肉、湘西血粑鸭，都是要上谱的。连臭豆腐，都要占一席之地。但在真正饕餮客的食谱上，少不了一只鸡——东安仔鸡。湘菜之酸，大多来自菜酸，比如酸菜、酸豆角，湘西也有酸鱼酸肉，以醋酸入菜的不多。东安仔鸡，是最典型的。"

　　我第一次吃东安仔鸡，不是在湖南，是在北京的曲园酒楼。曲园酒楼的酸辣菜肴里，东安仔鸡味道极佳，剁椒鱼头、泡椒肚尖、酸豆角炒肉皆为妙品。但论名声，东安仔鸡独占鳌头。

东安仔鸡做法不复杂，但是做好不易。首先选材严格，要用未开声的仔鸡，取其嫩；其次烹法得当，火候严格，以葱姜炝锅爆炒，入醋。醋是米醋，稍焖，倒入鸡汤翻炒，出锅。成菜酸香四溢，入口脆嫩，方为好鸡。

酸豆角 长沙味

吃湘菜，几乎每次都要点小炒肉、红烧肉，一个辣香，一个醇香。想要中和一下辣，或清清口，就得有一两个带酸的。常点的，一个是剁椒鱼头，一个是酸豆角炒肉末，无论是在北京还是在湖南，几成常例。

北京湘君府是我最常去的湘菜馆，因为离家近，方便。湘君府的剁椒鱼头和酸豆角肉末做得都非常地道，也就成了我的定谱。北京湘菜协会会长唐铭植是我的老朋友，他若请我吃饭，让我点菜，这几个菜我是都要点上的。湘菜味重，讲求醇香，稍咸而油香。一桌菜中，有一两个酸味菜肴，便显得平衡和谐。醇香开局，酸香清口，清汤收尾，那点酸，在一桌辣之中，格外有味。

剁椒，湖南各地都有，做法稍有不同，湘中偏辣，湘西偏酸，口味偏好所然。酸豆角亦然，在湘西几个地方吃过的酸豆角炒肉末，酸香味更浓。关于剁椒和酸豆角的做法，我在《辣味江湖》一书中有过介绍。

"剁椒由鲜辣椒短期发酵而成，与辣椒相配的还有两辣，大蒜、生姜。发酵的触媒是白酒。辣椒、姜、蒜，是辣界三姐妹，合在一起，被酒一搅和，几天之内，便发酸，香味因此而生。用来做剁椒鱼头，鱼肉遇酸抽紧，那种微酸还辣的细腻感觉，让很多人入迷。酸豆角用豇豆，做酸之法，与剁椒相近。不过，这个酸豆角做起来，各有各的高招，看你喜欢哪一招。姜、蒜、辣椒、花椒、大料、黄酒、白酒，喜用、惯用哪味就用哪味。有人诸味并用，满罐子花花绿绿，有人什么也不用，只用盐，亦可，也能让豆角发酵变酸。我以为，花椒和红辣椒不可少，没有花椒和红辣椒，酸豆角的香味催不出来。"

酸豆角能解腻，可以与各种肉禽相配。炒肉末、炒鸡杂、炒牛肉、炒腊肉、炒鸭胗、炒河虾、炒螺蛳，皆为美味。素炒，炒豆干、炒蚕豆、炒玉米，更是清爽。酸豆角拌面，酸豆角米粉，在湖南各地都不鲜见，就是蛋炒饭，加入酸豆角，味道也立刻大变，让人食欲倍增。我在长沙吃过酸豆角烧鸭，鸭肉细糯，满含酸豆角香气，肥肉都爽而不腻，润口香喉，对湘菜用材搭配佩服至极。

无微不至广西酸

在中国，酸食普及程度仅次于贵州的，大约应该是广西。但是广西之酸的表现形式却与贵州大不同。贵州是酸汤当头，煮食为先，广西吃酸的方式却丰富多彩。

类似贵州的酸汤在广西也很流行，河池、百色的酸汤锅，与黔南的酸汤锅并无二样，广西还有以酸大头菜、酸芥菜、红糟酸、糟辣酸为底料做火锅的。但广西酸的表现方式，更多出现在街头的酸摊，出现在农家饭桌上——酸鱼、酸肉、酸泥鳅，以及饭店里的酸辣米粉。一个重要的特点是，醋酸在广西是大行其道的。

南宁、梧州的酸嘢，桂北的柳州酸、桂林酸，桂西的百色酸，贺州的牛肠酸，无论味道偏辣还是偏甜，有一点是共同的，其酸来自于醋。到柳州，两位神交已久却初次谋面的博友陈瑜和付新华接待，特意带我到谷埠街寻找最正宗的柳州酸，二十多个酸坛两列排开，琳琅满目，五色斑斓，让我见识了柳州人吃酸的气势。

广西是多民族地区，而且各民族都有食酸的风俗。壮族的酸笋、酸榨粉，毛南族的酸镡菜，仫佬族的酸菜，侗族的酸鱼酸肉，苗族的酸菜酸汤，瑶族的酸肉、酸鸭、酸菜……几乎每个民族都有自己拿手的酸食美味。特别是酸笋，这款壮家人离不开的美食食材，已经成为广西各族同胞的共爱，在餐桌上出现的频率相当之高。在广西不少地方吃粉，无论是桂林粉、南宁粉、柳州粉还是贺州粉、玉林粉，几乎都少不了酸笋这个配角。无酸不粉，好像是广西粉的通则。

几次到桂林，少不了吃桂林米粉。回忆起一九七一年第一次到桂林，第一次吃牛肉炒粉，以为和广州沙河粉相类，没想到一盘炒粉中，几乎一小半酸笋，伴着红红的泡辣椒，那种脆爽，和着牛肉的醇香、米粉的软滑，让我大呼痛快。后来只要到桂林，一大盘牛肉酸笋炒粉，是一定要吃的。

广西酸丰富，还有一例，来宾红糟酸和白糟酸。来宾的红糟酸、白糟酸以米为基，发酵成酸味红曲，独具一格。以红、白糟酸再腌制的蔬菜，酸甜辣香具备，食之生津解渴，以红糟酸烹调的红糟肠肚、红糟鱼、红糟肉，更是酸香可口。走广西，吃桂酸，无论酸辣还是酸甜，都让人迷恋。

柳州酸

柳州有一句民谚：英雄难过美人关，美人难过卖酸摊。说的是柳州人对酸的热爱，具体说来，是对"柳州酸"的热爱。

何为柳州酸？就是用酸坛子泡出来的各色酸味果菜，如果罗列起来，一张纸怕都写不下。比如菜，萝卜、胡萝卜、藠头、莴笋、包菜、空心菜梗、姜芽、苦瓜、黄瓜、豆角、芹菜杆、莲藕，只要是菜，都能泡酸。比如果，山楂、桃子、苹果、梨、佛手瓜、木瓜、荸荠、凉薯，一律可酸。甚至连鸡爪子也可进入酸坛系列。

很多人以为，柳州酸无非就是泡菜，和四川泡菜应该同类，其实不然。四川人吃泡菜，是用来下饭佐酒的，柳州人吃柳州酸，却是零食，一群美女，围着酸摊，叽叽喳喳，各选各的，竹签串起，当街就吃起来，在四川，如何见得这种场景？四川酸，酸在泡菜罐子，贵州酸，酸在那锅酸汤，广西酸，酸在那个妙不可言的酸坛里。

多次到广西，在南宁，见过酸嘢摊，在桂林，见过桂林酸摊，觉得那都是小姑娘们的零嘴，从没有主动买几样尝尝。这次到柳州，就是寻酸而来，特别想亲口品尝一下这个让柳州美女难舍难分的"酸"。因为提前和柳州博友陈瑜、付新华打了招呼，他们接到我，先不安排住下来，第一件事，是把我拉到柳州民俗味道最浓的谷埠街，亲自在酸摊上挑选。

据说这是谷埠街很受欢迎的一个酸摊，近前，吓了一跳，偌大一辆架子车，上面摆满玻璃坛子，数了数，二十一个，红黄绿白，琳琅满目，有的竟不认识泡的到底是什么东西，有的想不通这东西为何也能泡酸，而且有人喜爱，比如坛子里泡的折耳根、小米辣。只见旁边的女孩子手拿筷子，熟练地从坛子里夹出各色酸品，绿色黄瓜、粉红萝卜皮、白色莲藕、淡黄嫩姜，优雅地递进口里，喜笑颜开，扬长而去。如此风俗画面，让我大开眼界，也随着拿起筷子，夹出几样，带到车上，一边看柳州景，一边吃柳州酸。

　　柳州人吃酸，其实分两样。一种和四川泡菜相类，是用以下饭的小菜，其酸，也是取自禾酸，以米汤或炒米为媒，发酵而成。而街头酸摊上卖的，却取自醋酸，以米醋为料，渍泡各色果菜乃至鸡爪之类。醋当然为主调，盐糖相辅，偏甜偏咸，全凭摊主调配，自然要照顾常客们的口味取舍。有的酸摊生意兴隆，大概一是手艺过人，二是深谙食客喜好。不过无论如何，酸摊卖的是酸，生意兴隆者，那酸品一定酸香可爱，方能留得住众多美女，大约还有数量可观的帅哥。

柳州酸好不好，有客观标准，具体说，六个字：甜脆、鲜嫩、酸爽。最终是要落在酸爽上的。在广西，不但柳州遍地酸摊，桂林亦然。桂林、柳州方言一致，都属北方方言中的支派——桂柳官话。所以，柳州酸，桂林也酸，酸也遍布桂林街头。二十世纪三十年代之前，南宁也属桂柳官话区，其后虽然被粤语攻陷，但嗜酸的食俗却顽强地保留下来，南宁酸嘢与柳州酸、桂林酸其实门出一脉。

广西访酸，告别柳州，直奔桂林，在桂林街头，也尝了尝桂林酸，其味与柳州酸盖无二样，唯一有点儿区别的，是桂林酸得更重，而且扩散得较柳州更宽。柳州人吃粉，螺蛳粉，其味以鲜为主，到了桂林，吃桂林粉，就是酸香为上了。不过无论桂柳，皆为酸乡辣乡，这一点是没错的。

桂林粉·老友粉

相识桂林，很早。在二十世纪七十年代，七年之间，两访桂林。印象最深刻的，第一是美山美水，第二是桂林的粉。

第一次到桂林，是一九七一年，单位组织考察学习，目的地是崇左，顺便在桂林停留几天，看甲天下的山水。到桂林第二天早上，一位年长的同事早起到街头吃早点，回来说，桂林的面条白倒是白，就是不筋道，又辣又酸。我知道，他是把米粉当成面条了。东北人不吃米粉，不相信米也可以做成"条"。不过，曾经在云南四川生活过的我，也是第一次知道，桂林的米粉，其味酸辣，与云南的甜辣、四川的麻辣大不同。

第二次到桂林，是一九七七年，这次是从云南返回北方，在桂林停留几天，纯粹是为了看山看水，捎带吃桂林。这次让我入迷的，是桂林牛肉炒粉，一块钱一大盘，肉少许，粉一半，酸笋和大红泡椒一半，粉糯菜脆，酸辣鲜香，诸味俱全。那个年月，那个味道，深入心头。

再以后，每次到桂林，一定要吃一盘桂林炒米粉。这次从柳州入桂林，自然也不例外。下车当晚，晚餐就是一盘粉，其中的牛肉至少是七十年代吃过的那盘的十倍，酸笋鲜，泡椒酸，米粉滑，既是饭，也是下酒菜。桂林粉，三花酒，大享受。

广西是米粉的天下，普及程度大大高于广东，各地几乎都有自己当家的粉，柳州螺蛳粉、百色叉烧粉、武鸣生榨粉、玉林生料粉、梧州牛腩粉、钦州猪脚粉、罗城大头粉，各有特色。这其中名声最大的，是南宁老友粉。

南宁是粤语城市，但饮食口味与大部分粤语地区大相径庭，酸辣两味是南宁人饮食的主味，老友粉和老友面可被视为南宁饮食的代表作。老友粉的辣，来自于辣椒和胡椒，最好的辣椒是北方人称为朝天椒的小米辣，酸来自于酸笋和醋，酸笋之酸是天然之酸，醋酸用以调节酸度，两种酸香相辅相成，成就这碗粉，粉和人就成了情深意切、分不开的老友。

南宁不但有老友粉，还有宾阳酸粉，酸味更足。很多喜酸的食客，夏日不吃一碗消暑去热的宾阳酸粉，一天都没有劲头。宾阳酸粉较老友粉更强调一个酸字，醋的用量更大，菜酸也不用酸笋，用酸味更足的酸萝卜、酸黄瓜，辣椒讲究用生辣椒剁丁，加上香菜末、蒜末，配上叉烧肉、酥肉，一碗粉拌起来，光看配色，都能让人垂涎欲滴。

到南宁吃老友粉，街头小店最好，接地气。我在南宁吃粉，基本都在街头巷尾的小摊上，不只是充饥，更是吃气氛、吃情调。陈瑜和付新华陪我到融安，不进饭店，特意到菜市场，自己采购肉菜，请小吃摊加工。相比起来，我们吃得还是有些奢侈，猪肉、牛肉、青菜、豆腐，旁边吃饭的老乡们，大多手捧一碗粉——融安滤粉，拌着酸菜、折耳根、酥黄豆，一股醋倒下去，呼噜呼噜，顷刻下肚。此情此景，让我对广西的酸食文化真是佩服得五体投地。

宜州之酸

桂北地区，历史上就是一个多民族的地方，而且各民族都有酸食的习俗。广西访酸，走了好几个少数民族聚居区。三江侗族自治县、融水苗族自治县、罗城仫佬族自治县、环江毛南族自治县，和以壮族人口为主体的宜州，走一处吃一处，时间虽短，印象深刻。

侗家的酸鱼、酸鸭，毛南的毛南菜牛、酸肉，壮家的粑粑、酸菜，各具特色。到三江，是为了看广西侗族风情，不进县城，直奔程阳八寨。在程阳八寨，不但饱赏了侗寨风光，还吃了最原生态的土鸡、腊肉、禾花鱼，最正宗的侗族农家酸菜。在环江，探毛南美食，毛南族朋友热情接待，几乎吃遍了毛南人招待朋友的各色美食，自然少不了"毛南三酸"。但是让我最为难忘的，是在刘三姐的家乡吃过的一顿真正的壮家饭——不在饭店，不在农家，而是在刘三姐故居景区的一个饭摊，一个景区工作人员解决午餐的地方。和一群壮族小姑娘小伙子一起，吃了一顿只有鱼干、酸菜、清汤和糯米饭的午餐，吃到了最真切的壮家人的日常饮食，对我来说，尤为珍贵。

宜州是刘三姐的故乡，自然也是广西闻名的歌乡。到宜州，最主要的旅游线路是乘船游下枧河，拜访刘三姐故居。正是在这里，碰上了那顿难忘的午餐。

在景区转，到午饭时间，没有找到饭店，看一群人围坐在树下吃饭，询问之下，是景区工作人员正在吃工作餐。叽叽喳喳的小姑娘小伙子热情邀请：就和我们一起吃吧，好吃呢。于是不客气，坐下来，看桌子上，简简单单，除了鱼干，都是腌菜泡菜，青菜、萝卜、黄瓜，口味一律酸辣，没有米饭，只有稠稠的玉米粥。小姑娘小伙子吃得津津有味，我们也坐下来，吃了这顿壮族风味的露天午餐。

宜州是典型的壮族地区，汉族人口只占不到两成，近百分之八十是壮族，流行于宜州的很多民间小吃，都体现出壮族饮食特有的风格，血肠、被称为瑶豆腐的菜豆腐、糯米粑粑，是当地各民族皆喜爱的日常饮食。喜酸的习俗更是普及，宜州街头，年轻人将酸辣口味的泡菜当零食，宜州酸受欢迎的程度，不亚柳州酸于柳州人。无论多么高档的饮宴，桌上一盘酸菜是不可少的。从刘三姐故乡返回宜州城，吃下枧河河鱼汤锅，爽口的，正是一大盘宜州酸菜。

贺州见识牛肠酸

很早就想到贺州看看，念想有三个，一是想游黄姚。走了国内很多古村镇，可广西看得少，桂东更是个空白，对黄姚古镇很是向往。二是访广西客家。贺州是广西的客家地方，这些年访客家地区，走了很多地方，却没有到过广西客乡，太想去补课。三是贺州是桂东美食之乡，却从未见识，品尝贺州美食大概是此行最大的动力。

从桂林到贺州，只几个小时的车程，却遇到淅淅沥沥的小雨。住下后，雨还是没有停下的意思，打着伞，先转灵峰山，看客家博物馆，之后大街小巷溜达，看贺州街头小吃。

果然，灵峰山边的小巷里，就有好几个卖牛肠酸的摊子。很多少男少女围着，不顾细雨淅沥，就站在街头吃。柳州有柳州酸，桂林有桂林酸，南宁有酸嘢，都是素酸，唯独贺州酸是荤酸，如果不来贺州，如何能享受这难得的美味？买了十多串，不在街头吃，到粉店，要一份米粉，切一盘白斩三黄鸡，和牛肠酸一起，下酒。小雨如丝，街巷迷蒙，三花一杯，牛肠酸、三黄鸡摆开，贺州之旅，美味当先，真是舒心。

广西寻酸，三江、环江始，看宜州，走桂柳，品完贺州，就要由桂入粤，离开广西了。牛肠酸是最后一顿广西酸。

贺州流行的地方美食，都可以看出各个人群的特征，粤味的白斩三黄鸡、田螺煲，客家人的酿豆腐酿、菜酿、竹笋酿、盐酒鸡，桂柳人的油茶、扣肉，瑶族的烟熏肉，壮族的糟辣酸，一并流行，各个族群都不拒绝。但就吃酸而言，却真的单纯，除了糟辣酸，本地人最爱的就是牛肠酸。牛肠酸是广西酸食文化中的重要一支，我认为其美味程度，应该排在桂酸之前列。我在贺州住了三天两晚，两天晚上的下酒菜都是牛肠酸。

所谓牛肠酸，是将切成小块的牛肠、牛肚和牛肺，以竹签穿成小串，下锅以酸汤煮熟。火候大概是很考验功夫的，煮好的牛肠、牛肚、牛肺既熟又脆，口感极佳。吃的时候，还要蘸酱，不是一般的豆酱，是特制的蘸料，酸辣可口，因为是街头小吃，很多人是围着摊子，一串一串地吃。像我这样买回来做下酒菜的，另有餐盒奉送，当然要浇上酱料，而且多给一些，贺州人是很厚道的。感念这样好的待遇，下次还要来贺州，还要来吃牛肠酸。

酸域之外也有酸

西北、西南是中国酸域地图的核心区，酸食普及。山陕乃至西北各地，醋酸、酸饭、浆水、酸菜，在很多地方是一日都不可离的。贵州、广西之酸，更是深入人心，红酸汤、白酸汤、丝娃娃、都匀四酸、独山三酸、南宁酸嘢、柳州酸、桂林酸、红糟酸，酸成一片。酸域之外，这种景象是看不到的。但是作为中国人的"五味"之一，酸域之外也有酸。而且有的酸还相当经典，在中华食谱中，自有其地位。

鲁菜大系，涵盖范围不止山东，华北大部、整个东北，大致都要纳入鲁菜大系的晕染图中。鲁菜主味咸鲜，但不缺酸。北方寒冷，酸菜是华北、东北各地冬季必备的日常菜品，自然，鲁菜中少不了酸菜烹饪的菜肴。

淮扬菜亦然，以酸为主味的菜肴，如酸甜味的菊花鱼、松鼠鳜鱼是吴语地区的共谱。江浙崇尚河鲜，醋是去腥增鲜之必备，市井人家，各家各户橱柜里一定有一瓶镇江醋，吃大闸蟹，吃肴肉，没有镇江醋，如何下箸？

粤菜谱中，酸味菜肴也占有一席之地，香橙咕咾肉、猪脚姜醋蛋，都是粤菜中的名肴。吃粤菜、潮州菜，桌面上少不了琳琅满目的蘸碟，梅子酱、红醋碟一定在其中。潮汕人食糜，最佳小菜是潮州咸菜，梅州人下饭，最简单的配菜，是客家大菜，都是酸咸香甜并举的美味。无论广府人、潮汕人、客家人，吃鱼生，必备的一定有蒜蓉醋。

福建有好醋，永春醋是中国四大名醋之一，闽菜中以醋烹制的菜肴也多于广东。比如泉州的醋肉。江西是传统的辣域，大多数菜肴追求鲜辣，但是也有以酸辣为美的，赣州小炒鱼便是一个代表。有一年，我特意到赣州过中秋，赣州博友刘年红知道我喜爱街头小馆江湖菜肴，特意带我在赣县一个小店吃赣县菜，其中一个小炒鱼，酸香宜人，十分得味。江西不但有辣，也有酸，给我留下深刻印象。

九转大肠·鸡丝洋粉

鲁菜在中华菜系中的地位极高。权威的评价是："鲁菜是黄河流域烹饪文化的代表，是中国汉族四大菜系中唯一一个自发型菜系，是历史最悠久、技法最全面、难度最高、最见功力的菜系。"

金、元、明、清，定都北京的历朝历代，宫廷菜基本上都是鲁菜的延伸和精致化。鲁菜的口味特点是咸鲜，追求鲜、嫩、香、脆，这与西部地区酸成一片、辣成一片大不相同。可是，酸毕竟是中华饮食五味中的一味，鲁菜自然也不可缺。不过取之于酸汤、酸浆之酸，在鲁菜中是没有的，即便是酸菜，用得也不多。

鲁菜中有酸菜粉丝、酸菜肉丝之类的菜，但在鲁菜大谱中所占比例很小，倒是被闯关东的山东人带到东北后，在东北大为发扬，成为鲁菜大系东北子系的当家菜肴。鲁菜之酸，多取之于醋，糖醋鲤鱼，在鲁菜中是相当有名的。再如九转大肠、鸡丝洋粉，也都以醋为烹，无醋，成就不了这两味鲁味名肴。这两个菜我都吃过，吃九转大肠就在济南，吃鸡丝洋粉则是在烟台福山。

我到济南，友人请客，吃鲁菜，因为那年去看趵突泉，碰到天旱，趵突泉成了干池子，郁闷。友人说，好好吃顿鲁菜大席，弥补一下吧。于是有了这次际遇。满桌子菜，印象最深的是两个，一是糟熘鱼片，一是九转大肠。糟熘鱼片不用说了，糟香宜人，京菜也有这一味，不止一次吃过。九转大肠，是第一次吃，酸甜鲜香集于一体，惊奇于鲁菜化油腻为清爽的功夫，想，醋之功不可没也。

我在《食客笔记》一书中曾发过一些感慨。"烟台滨海，海鲜很多，大海蟹、大对虾、大海蛎子、大蛏子。去了，管够吃。但去了这么多次烟台，海鲜吃了不少，最让我难忘的，却是一碟小菜：鸡丝洋粉。说鸡丝洋粉是小菜，因为它普通，简单。鸡胸脯肉丝、黄瓜丝、洋粉丝，调酱油、醋、蒜末，胡乱拌一拌，就是一碟下酒的好菜。洋粉学名叫琼脂，是用近海采集的石花菜、江蓠菜等红藻提取出来的一种海藻多糖。把石花菜用水熬，熬化了，浓缩，干了之后就是洋粉。吃的时候，再用水发，发开了切丝，就成了拌凉菜的好材料。洋粉白里透亮，晶晶莹莹，有咬头，和鸡丝、黄瓜丝一配，真是好东西。"

京菜，应该说是鲁菜在北京的支系。旧时北京八大楼，尽皆山东人经营，都是鲁菜馆子。京菜形成的过程，其实是鲁菜吸收河北、山西诸多烹法形成的，所以带有浓浓的鲁菜风格。但是北京毕竟地处晋冀夹缝之中，食俗上受山西的影响也不小。明初，朱元璋移山西省民至北京，所以北京不少人的先祖来自山西，现在京郊很多地名还能反映出这段史实：孝义营、霍州营、解州营、潞城营、黎城营、沁水营，都是山西的县名，由此可以看出当地的移民痕迹。因此，京菜出自鲁菜，却更带了自己的风格。

鲁菜中有一个特别的类别，孔府菜，孔府菜有一款家常菜，木须肉。在山东，做法是将猪肉、鸡蛋、木耳、玉兰片爆炒而得，调料仅用油盐、葱姜、酱油、香油，是不放醋的，炒出的菜咸鲜清香。木须肉到北京，变化很大，主料变为猪肉、鸡蛋、木耳、金针、瓜片，更为重要的是，菜出锅前要烹醋。京味木须肉咸鲜带酸，别具一格。

东北菜有满族烹饪的底子，但是东北菜是在二十世纪初大批冀鲁移民进入东北后才逐渐成形的，更带有深厚的鲁菜底子。由于气候寒冷，冬季储菜不易，东北人大量食用酸菜，用鲁菜烹调方法，以酸菜为食材，发展出诸多菜品，酸菜粉、酸菜白肉锅、酸菜蛎蝗、酸菜炖豆腐，等等。这些酸味浓郁的菜肴，很多又返回山东，加入鲁菜行列，所以现时的鲁菜，也吸收了不少东北菜的营养。从此，鲁菜中就不但有九转大肠、糖醋鲤鱼之类以醋为调的菜肴，还有了酸菜粉丝、酸菜肉丝之类的腌酸类菜肴，也是与时俱进吧。

西湖醋鱼·宋嫂鱼羹

江南各系，杭帮菜是最为精致的。杭州是做过京城的地方，金兵入侵，宋室南逃，大批河洛人落户杭州，既带来了北方方言，也带来了北方食俗。所以，杭帮菜是带有北方基因的，在一些菜肴中，至今还能体会到这个基因的存在，有一菜一羹能够说明：一是西湖醋鱼，一是宋嫂鱼羹。这两味菜肴，都是醋酸造就的美味。

河南有一味汤羹，非常有名——胡辣汤。酸辣口，主调是胡椒和醋，据说自从胡椒从西域传入中国，便有了这道汤。这是一道药食两用的美味，伤风感冒，一大碗胡辣汤下肚，病就好了一半。在北宋时，这味汤羹是很出风头的。宋嫂鱼羹明显带有胡辣汤的韵味。因为这个鱼羹，当年就是从汴梁传过来的。

发源于河南的杭州菜肴，宋嫂鱼羹只是其一，史书记载，当年由汴梁迁往临安的饭店，有几个是相当有名气的，包括宋五嫂醋鱼、李婆婆杂菜羹、李七儿羊肉。

宋嫂鱼羹用鳜鱼。鳜鱼在杭州人眼里，是好东西，好东西要用好东西配：一是金腿，二是冬笋，三是香菇。做的时候，先将鳜鱼剖洗干净，用葱、姜、料酒、盐涂抹腌渍，旺火蒸透，沥出汁。鱼肉去骨切丝，再倒入汁中。香葱炝锅，清汤煮沸，入金腿丝、冬笋丝、香菇丝。再沸，将鱼丝连同原汁入锅，勾薄芡，加醋，起锅装盆，撒姜丝和胡椒粉。鲜酸微辛的鱼羹就做好了。杭州人说，这鱼，有蟹味。我不常吃蟹，领会不出来。但此羹极鲜，我能体会。

西湖醋鱼做来并不复杂，用沸水将鱼汆熟，淋上糖醋芡汁即成。但杭州人说，其实这个菜是很讲究的，第一，须用西湖的草鱼，第二，勾糖醋汁须用煨鱼之汤，以求其鲜，否则就不能称作西湖醋鱼。

江浙两省面积都不大，但是江浙人吃得精细，各地都有自己特有的口味，苏帮、本帮、杭帮，甬菜、瓯菜、绍兴菜，酸甜苦辣，硝糟霉醉，各有其长，与一个菜系涵盖一大片的北方大为不同。我到衢州拜谒南孔，住了几天，吃了几天衢州饭，原以为没出浙江境，大致口味应该与相邻的杭州、金华相类。没想到进了衢州，竟然碰到辣，几如江西。杭州之酸亦然，吃过西湖醋鱼，吃过蘸醋的小笼包，便知道，杭州也有酸，而且酸得可爱。不往之则不知之，如此也。

咕咾肉·酸咸菜

粤菜主味清鲜，食材讲究生猛，但酸味菜也不乏其例，特别是夏日，酸味菜肴是很多食客的优选。但是，广东的酸，即便与相邻的广西，也大为不同，少酸咸，无酸辣，酸甜为上。

咕咾肉是最负盛名的粤菜名肴，也是一款典型的酸甜味菜。同样被广东人看重且喜爱的酸味菜，还有酸甜味的生炒骨。有些菜本不酸，但是为解腻，要蘸酸。比如吃烧鹅，桌上一定少不了一碟梅子酱，这就是粤菜之妙。咕咾肉是粤菜，但是被其他菜系借鉴，很多地方都有这味菜，虽然各地做法略有不同，但共同的一点，其味酸甜，无论取酸所用是酸菜、菠萝、柠檬，还是番茄酱。

广东的广府、潮汕、客家三大族群，在食俗上各有特色，如果说粤菜中的酸在整个菜系中所占比例轻微的话，潮州菜和东江菜中的酸比例就大得多了。而且，潮州菜和东江菜取酸的食材虽然多种多样，但集中体现在酸咸菜上，潮州咸菜和客家咸菜所用的都是"大菜"，腌制方法也基本相同。以酸咸大菜烹饪的菜肴，在菜谱上可以罗列出一大串，无论肉禽还是海鲜河鲜，都有可以列谱的佳肴。即便不与肉禽配，只是咸菜本身，就是美味。我小时候在潮州、汕头生活，食糜，大多时候佐餐的就是一粒乌榄加一勺鱼露，哪天碰到师傅高兴，切一碟潮州咸菜，酸咸脆爽，简直美死了。

潮州咸菜和客家咸菜都是大菜腌制。所谓大菜，是一种芥菜，因为长得硕大，且包心，故名。一般芥菜，长成时已经老硬，口感发艮，粤东、粤北的大菜，即便长得半人高，也照样鲜嫩多汁。以这样的大菜腌制出的咸菜，即便不和肉禽海鲜配合，切一盘拿来配糜佐饭，也能让人大快朵颐。如果拿来炒五花肉，五花肉都要变得清爽。炒牛肉、炒大肠、炒猪肝、炒鸭胗、炒花蛤、炒鲜鱿，炒什么都能把食材的本味、鲜味和脆劲突显出来。

潮州咸菜煲猪肚，加入白果，猪肚和白果都软糯而不散，撒点儿胡椒粉，喝一口，口鼻留香，久之不去。我在梅州吃过一次客家酸咸菜炒大肠，饭都多吃了一碗。

在潮汕，在梅州，用于取酸的调味，当然不止有酸咸菜，各色酸果都要利用，更多体现在蘸碟上。

广东人的餐桌上，永远少不了蘸碟，而且吃什么菜用什么蘸料，有很严格的对应关系。这种食俗，广府、潮汕、客家皆然。相对而言，最为讲究的，还是潮州菜。潮州人蘸碟的种类，如果真的统计起来，怕百种也不止。这其中，酸味蘸料就不少。潮汕的梅子酱，也叫梅膏，不但可以当蘸碟，而且可以做调料，炖汤做菜。用梅膏炖鱼煮蛤，别有一番滋味。

潮汕人最常备的酸味蘸料，是蒜泥醋。潮州卤味闻名遐迩，吃潮州卤味，必不可少的就是这个蒜泥醋。橘汁酸甜，橘汁调制的金橘油，是吃白灼虾、白斩鸡最好的蘸料。

杨桃在水果中是很酸的一种，潮汕人也不放过，广府人吃鱼生，多用红醋，到潮汕吃鱼生，把杨桃请出来，酸杨桃的酸，解腻增鲜，且能使鱼生挺直，口感更佳。

陵水酸粉

米粉是南方大部分地区的日常主食，各地都有自己的名粉。云南过桥米线、贵州羊肉粉、湖南津市米粉都是各地方的美食名片。到了广西更是这样，柳州螺蛳粉、桂林马肉粉、南宁老友粉、梧州牛腩粉，都名声在外。作为中国最南端的省份，海南也是米粉世界，最有名的粉是酸粉，酸粉中，最有名的要数陵水酸粉。

陵水酸粉也叫海南粉，从名字就可以看出，这个粉是遍及海南全岛的。陵水酸粉用料独到，特色明显，日久天长，成了海南粉的代表作，人们说起海南酸粉，

∧ 傣味树番茄喃咪

< 果香十足的酸木瓜

∧ 四川新繁酸萝卜条

> 朝鲜族辣白菜*

∧ 云南的琳琅果酸

∨ 广西的街头酸摊

> 南宁老友粉

∨ 云南的酸汤米线

∧ 湖南恩施的酸姜

﹥ 南北皆爱的酸豇豆

∧ 解腥除腻的酸角

> 云南的酸藠头

> 颇受年轻人喜爱的酸奶

∨ 内蒙古的各式酸奶制品**

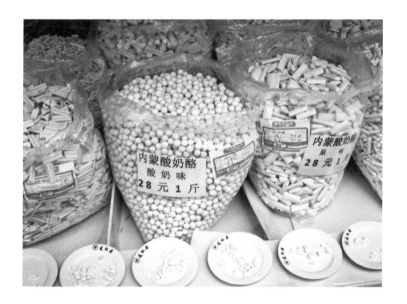

∧ 酸辣清爽的甘肃搅团

< 西藏的酥油煎奶渣***

首先想起的便是"陵水"两字。其实三亚崖城的酸粉、万宁的酸粉，味道都不差。我在琼海吃酸粉，觉得就不错。在博鳌吃过糟粕醋煮粉，那种酸香，更让人叫绝。

海南虽与广东有着千丝万缕的联系，但是民族构成、民风民俗大相径庭，却与广西相近，食俗崇酸，是最明显的特征。把海南省列入酸域之中，我以为是不错的。海南酸，可称上上美食，且具代表性的有两个，除了酸粉，还有大名鼎鼎的文昌的糟粕醋。以糟粕醋为汤底的火锅，出了海南，哪里也吃不着。

陵水酸粉的酸汁，主导的是米醋，这一点，与广西极其相似。到粉店坐下，招呼老板，来一碗酸粉。老板开锅烫粉，捞在碗中，将鱿鱼丝、小干鱼、牛肉干、花生碎、韭菜之类撒在粉上，浇上酸汁，问一声，吃辣吗？如果吃辣，自有黄灯笼辣椒酱伺候，端上桌，拌开，一口下来，酸甜辣鲜，五味俱全，真是海南美味啊。

海南食俗偏酸，与海南民族构成有关。据语言学家对海南省地名的研究，最早的成分应该是壮语，之后是黎语，再后是苗语，而汉语地名出现得最晚。壮侗语族的各民族食俗都是崇酸的，壮族、布依族、傣族、侗族、水族、仫佬族、仡佬族、毛南族皆然。

海南之酸，还有一个特点：少与甜沾边儿，多与辣亲近。海南有一种辣椒，黄灯笼椒，辣度极高，海南人不拿来炒菜做汤，而是将其磨碎，腌渍发酵，做成辣酱。这种辣酱有一种特殊的酸香，拌粉拌面拌菜，立刻提味。海南人家的橱柜里一般都少不了这瓶酸酸辣辣的黄灯笼辣椒酱。不但海南岛人喜爱，很多吃过这个辣酱的其他地区的人也非常喜欢，我就是海南辣酱的"粉丝"。在潭门渔港排档吃海鲜，无论鱼虾蚌蛤，大多白水煮了就上桌，嫌太淡，喊老板，有辣酱吗？老板顺手递过一小瓶，倒到碟中蘸食，酸辣鲜，大有味道。老板说，外地人来了，十个人里有九个找我要这个酱，我们海南的辣酱好，都爱吃。怎么好吃？喜欢那个辣，还有那个酸。

永春味道

福建泉州有个县，永春县，是福建最负盛名的醋乡，中国四大名醋之一的永春老醋就出自这里。永春老醋与镇江香醋同属乌醋，原料也是糯米。与镇江香醋的不同之处在于，第一，永春醋用红曲酿造；第二，永春醋是老醋，特点在老。镇江香醋是二十一日即成的，镇江也因此有传说："醋"字来源，乃杜康之子以酒糟酿醋，廿一日乃成，故以酉为旁，廿一日为体，成"醋"字。现在，镇江香醋仍以发酵二十一日为矩。永春老醋可就真是老了，酿造期和陈化期长达五到十二年，比山西老陈醋有过之而无不及，还在酿造过程中添加了芝麻、冰糖，永春老醋便有了自己鲜明的特色。

北宋时期，永春即有了醋坊，其后历代磨炼，名气在闽粤赣传开，成了有名的醋乡。有好醋，必定有好醋烹制的好菜。以永春老醋烹制的名菜名肴，在闽菜中占有相当地位，最出名的有三味：荔枝肉、老醋猪脚、泉州醋肉。

福州菜的荔枝肉，是一味酸甜鲜爽的酸味菜，闽菜筵席，如求丰盛，少有不选这道菜的。烹制这道菜的酸，就来自永春醋和番茄汁。和荔枝肉相类的，还有醉排骨，也是福州菜中很美妙的酸味菜。我在福州吃过醉排骨，确有特色。

泉州醋肉，是以醋酒蒜酱将猪里脊肉腌透，裹生粉，入油锅炸，炸出来肉色金黄，外焦里嫩，蕴含酸香，在泉州，是街头小吃，也是下酒小菜。馋酒的人，买回家去，一瓶福建老酒，一盘泉州醋肉，绝配。

老醋猪脚，是一道甜酸咸香相济、软糯脆筋并存的下酒、下饭好菜，在福建各地，都极受人们喜爱。做法其实简单，但一定要有上好的陈年老醋，而且量不能少。老醋与冰糖炖猪脚，炖出来的猪脚红亮耀眼，酸香逼人。有一年到厦门公出，闲暇之余，去泉州看开元寺，中午友人请客，点的菜中就有一个老醋猪脚，很惊喜泉州菜中还有此酸，当时以为这个菜是泉州菜中的另类。友人说，其实泉州菜对醋的运用并不少。回京后翻书查资料，方知永春醋竟是中国四大名醋之一，明白自己是孤陋寡闻了。后来再去泉州，特意到街头寻到醋肉，买来下酒，果然是好。受此启发，以后特意到山西清徐、四川阆中、江苏镇江寻酸，点滴心得，汇集成一篇小文《醋乡》，后来收到《食客笔记》一书中。泉州吃酸，可以说是我写中国之酸的起始。

杨梅丸子说徽菜

有关徽菜的定义，历来是有争议的。官方的说法，凡在安徽地盘上，无论什么菜都叫徽菜，包括淮北、淮南，江北、江南，皖西、皖南，咸甜苦辣一勺烩。没有其他理由，所有安徽人吃的菜，当然都是徽菜。至于历史渊源、地域、物产、源流、传统，特色、各地固有的口味倾向、菜肴的制作方式及特点，一概不在考虑之内。

但是民间的认识截然不同，认为历史上一以贯之，徽菜就是徽州菜，是生发于历史上的徽州府范围、扩及周边的一个菜系。而长江沿岸各地，包括安庆、合肥、芜湖、铜陵、池州等地更近于淮扬菜的特点，如果大而化之，也可以归入淮扬菜体系。至于淮北，饮食特征完全是北方风格，与徽州菜更是风马牛不相及。

安徽地处江淮间，从地理、气候、物产上看，都明显分为三个区块：淮河流域、长江流域、新安江流域。自然的分野同时构建了三个不同的方言区，淮北属于豫鲁官话区，淮南及长江沿岸属于江淮官话区，皖南新安江流域属于吴语区。我一向认为，同一方言区的人群在饮食偏好上，趋于相同，长时间地相互影响借鉴，形成集体认同的饮食口味体系，最终成为一个菜系。以此观点，安徽实际存在沿淮、沿江、徽州三个不同菜系。

虽然菜系不同，但有一点相似。五味之选，北边重咸鲜，南边清鲜微甜，酸味虽非主味，但在各菜系中都占有一定比例，都有自己的典型酸味菜。徽州菜中，糖醋莲子藕、糖醋肉、琵琶肉、醋熘黄鱼，都是以酸制腻、以酸压腥、以酸促脆的菜肴，且均以酸甜口味为主。

我以为，徽菜酸味菜中名气最大的，当数杨梅丸子。以蛋清调和肉糜做丸，大小一如杨梅。油炸后勾芡，芡汁以盐糖、醋、杨梅汁调和，其味酸甜微咸，酒饭皆宜。杨梅丸子形似杨梅，因为用杨梅汁调味，味亦似杨梅。以杨梅调酸，好像只存在于徽州菜，在其他地方，真没有见过。徽菜用材，是很有些特殊性的，比如桃脂烧肉的桃脂，其他菜系也不见，可见徽菜之酸，有徽菜特色。

我在合肥吃过的最清爽的酸味菜是三河小炒，就在三河古镇。三河是肥西县一个历史悠久的古镇，可以追溯到春秋时期。宋元以来，三河一直是皖西进入巢湖，进而往苏中的一个商埠，最大宗的商品有二：一是皖西的竹木制品，二是皖中的大米。商埠的商人多，应酬就多，餐饮的发达，是历史的叠加。

我到三河，就是为了吃三河。到三河的第一天晚上，在一个街头小店吃宵夜，点了两个小菜——三河小炒、虾糊。三河的虾糊实在是好，小河虾掐头去尾，用蒜末炒香，加水、盐、酱油之类，水煮至滚。籼米水磨成浆，倾入滚水，出锅调入香葱丁。做虾糊的米粉，是粗米粉，入口尚可感到有颗粒感。虾糊虾味浓，咸淡适中，清香。

　　本以为三河小炒其味咸鲜，但端上桌来，酸香扑鼻，竟然是醋烹。木耳、洋葱、茶干、水芹、红椒均切丝，与肉丝爆炒，以陈醋白糖调汁勾芡，口感酸甜咸香，佐酒下饭两相宜。在三河，几乎每个饭店都有这个小炒，在合肥的很多饭店，也把三河小炒当成推荐菜品，可见这个口味是广受欢迎的。

低音
unitedbass

北京联合出版公司
Beijing United Publishing Co.,Ltd

文化

宣华录：花蕊夫人宫词中的晚唐五代

作者：苏泓月
书号：978-7-5596-1719-4
定价：128.00 元（精）

· 第十二届文津图书奖、2016 中国好书奖得主苏泓月全新力作。以 98 篇词清句丽、融合考古训诂的精致小文，近 300 幅全彩文物图片，重现五代前蜀花蕊夫人笔下的宫苑胜景。

文化

李叔同

作者：苏泓月
书号：978-7-5502-9328-1
定价：68.00 元（精）

· 作家苏泓月以洗练的文字、诗意的笔法、翔实的史料，以及对真实人性的洞悉和悲悯，生动地刻画出李叔同从风流才子到一代名僧的悲欣传奇。

文化

书法没有秘密

作者：寇克让
书号：978-7-5596-1024-9
定价：98.00 元（精）

· 如果你想入门书法，想聆听前辈书家的习字心得，想了解书史长河中的流派演变和熠熠群星，甚至是想选择最适合自己的笔墨纸砚，本书都能提供给你想要的答案。

文化

胡同的故事

作者：冰心 季羡林 汪曾祺 等
书号：978-7-5596-1339-4
定价：60.00 元（精）

· 冰心、季羡林、史铁生、汪曾祺、舒乙、毕淑敏……
· 46 位名家，46 种视角下的胡同生活。
· 展现不同视角的北京胡同生活。

文化

大门背后：18 世纪凡尔赛宫廷生活与权力舞台

作者：[美] 威廉·里奇·牛顿
译者：曹帅
书号：978-7-5596-1723-1
定价：56.00 元（精）

· 一部凡尔赛宫廷生活史，就是一部法国社会变迁史。
· 繁华背后，一场文化与思想的演变正在悄然孕育。

文化

和食：日本文化的另一种形态

作者：徐静波
书号：978-7-5502-9834-7
定价：88.00 元（精）

· 尊重自然，体现材料的真味；饮食为媒，以"和食"观"和魂"。
· 严谨的文献依据结合考古成果与亲身经历，深刻而不晦涩，生动而不枯燥。

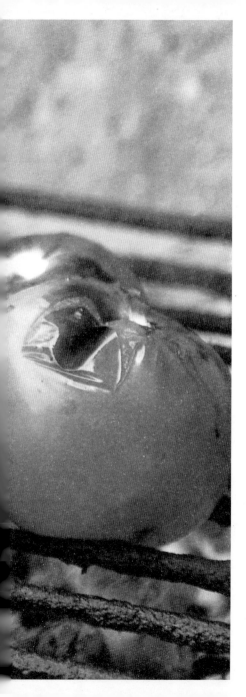

03

——

酸
之
谱

——

中国人的五味，酸甜苦辣咸，把酸放在第一位，是很有道理的。中餐烹饪，甜主要取之于糖与蜜，辣也限于葱、姜、蒜、芥、胡椒、辣椒，苦则限于苦味菜蔬和动物胆汁，如苦瓜、苦菖、贵州的"瘪"，咸当然直接和间接来自于盐。甜咸苦辣，基本都取之食材本味，唯独酸，除却自然赋予，大多为人工发酵而得，其品类之丰富让人叹为观止。

醋之酸、菜之酸、果之酸、禾之酸、荤之酸、乳之酸，凡能入口的食材，几乎都能做酸，成就花样繁多的美食，这是酸之味与苦辣甜咸最主要的区别。更为重要的是，接受酸味的人群覆盖面非常之广。有人不喜辣，有人不爱甜，无锡菜，连很多苏州人都嫌过甜，宁波的咸连上海人都受不了。但是对酸，东西南北人几乎都不排斥。

我小时候生活在潮汕，潮汕人的主食，白粥占有重要地位，潮州人的称呼很文雅，很古代，曰糜。伴糜的，是各种杂咸，最常见的，是潮州咸菜，咸中微酸，酸中略甜，酸咸甜集于一味。

中学时代生活在云南，酸腌菜就是日常离不了的下饭菜。与此相类的，是四川的泡菜。我在成都读书的四年，正是物资匮乏的年代，一钵米饭、一勺红油泡菜，就是最好的饭食，那酸酸辣辣的味道，永远吃不腻。

即便在最不酸的东南，吃肴肉、吃闸蟹的时候，仍然少不了一个醋碟。我在南京读书的时候，最大的体会是，如果这个菜可以冷吃，那醋碟一定先摆出来。

参加工作到东北，酸菜就成了离不开的伴侣。酸菜白肉、酸菜炖粉条、酸菜粉、酸菜冻豆腐、酸菜羊肉锅，给了我太多温馨而难忘的记忆。

在北京工作的三十多年里，因为工作关系，和各省同僚接触中，常常能品尝到各地有代表性的饮食，也有机会到各省走走，能吃到很多离了这个地方就无以寻觅的美食。对各地食俗了解得多了，也有了更多体会。品酸、记录酸之心得，也成为一个习惯。翻阅几十年的行走日记，其中记录酸食的，便足以单独录成一册。

中国地大，地理、气候、物产各不相同，但是各个地区、各个民族，几乎都有体现本地气候、物产的酸食。北方民族的酸奶，南方民族的酸汤、荤酸，东北的酸菜，华北、西北的酸饭、浆水，西南的腌菜、泡酸，华南的糟酸、醋酸，尽皆华彩纷呈，美味飘香。中国人做酸的本领，无可比拟。

吃酸说酸，所见所闻，所品所尝，写出来，与读者交流吧。

醋　酸

　　中国人的五味，酸的地位相当之高。而用于调酸的，无论东南西北，最常用的，是醋。醋是中国人饮食中不可或缺的调料。中国人制醋、食醋的历史，可以追溯到三千年前。周代宫廷，就有专门掌管"醯"的官员。《齐民要术》是魏晋时的著作，已经记载了二十二种制醋的方法。到唐宋，中国醋的生产工艺与技术，已经达到非常精到的地步。而中国人以醋调味的烹饪方法，也达到了相当的水平。

　　中国人因地制宜，各取其材，用以制醋的原料多种多样，体现了我们祖先高超的智慧。以中国四大名醋为例，每种醋都有自己的工艺。山西老陈醋的原料是高粱，保宁醋的原料是麸子，镇江香醋和永春老醋的原料是糯米。除了用高粱、糯米、麸子酿成的醋，还有用大米酿成的米醋。浙江米醋就是米醋翘楚。陕西岐山有岐山醋，几乎把中国所有能酿醋的粮食全部用上，大麦、豌豆为曲料，伏天做曲坯。以高粱、玉米、小麦为拌料，秋天曲料混拌入瓮，发酵后再与麸皮拌匀，二次发酵，最后淋出醋液。

中国有名的醋，能把住一方市场，受一个地方老百姓喜爱的，还有不少。河南的特醋，北京的龙门醋，天津的独流醋，苏北的汪恕滴醋，都是名醋。说来，中国人真是有口福啊。

醋碟·糖蒜

醋是让人吃的，但是"吃醋"一词，在汉语里另有他意，多指男女之间情爱纠葛中的嫉妒，也泛指对他人的成功、受宠等的暗暗妒嫉。所以，即便是吃醋，也不说吃醋，另选他词。比如东北人，忌讳醋字，就将醋以"忌讳"代之，进饭店，需要醋，告诉服务员，拿"忌讳"来，这就是要醋了。

醋碟，是中国人食醋最常见的方式。江浙人吃大闸蟹，一定要蘸醋的，广东人吃鱼生，醋不可少。北方人吃饺子，更是离不了醋。不过，虽然都是醋碟，醋是主角，配角却不尽相同，姜丝醋在江浙沪一带最流行。苏州人吃大闸蟹，要用姜丝醋，上海人吃蟹粉小笼包，也不能少了姜丝醋，没有姜丝醋，连蟹黄的味道都提不起来。广东人吃鱼生，一定要有蒜蓉醋。不仅是鱼生，吃白斩鸡，吃火焰虾，蘸蒜蓉醋，增鲜提味，不可缺。客家人说，蒜蓉醋是"客家蘸料之王"。

北方各地，吃饺子都要蘸醋，这个醋碟，各地也自有特点。华北西北大部分地方，都是在碟子里倒一股醋，拌入蒜泥，喜咸的，兑一股酱油，讲究的，还要点一滴香油。东北人对饺子的感情最深，有俗语，"好受不如躺着，好吃不如饺子"。所以，吃饺子，讲究十全十美，包括醋碟。哈尔滨人吃饺子，饺子醋很复杂，四样东西不能少：醋、蒜、芥末、辣椒油，哈尔滨人认为，如此这般，饺子吃起来才美味。

华北地区不止山西，京津亦然。到天津，吃狗不理包子，自然少不了醋。天津人说，天津独流醋好，而且分得细，吃凉菜，有凉菜醋，吃饺子，有饺子醋，吃包子，有包子醋。我是菜鸟，还真分不出饺子醋和包子醋到底有什么不同，可见天津人食醋多么讲究。

以醋味肴，最常见的，是糖蒜，说是糖蒜，最重要的成分却是醋，所以有的地方就叫糖醋蒜。镇江酱菜是中华名小菜，镇江酱菜中，糖醋蒜是非常有名的。

糖醋蒜各地都有，做法稍有不同，有加盐的，有不加盐的；有用白醋的，有用老醋的，有用红醋的；糖的用法也有不同，有用红糖的，有用冰糖的，但却少有用白糖的。北方还有一种腊八蒜，就单纯了，不用糖，不用盐，只用醋，蒜要扒皮，把白胖白胖的蒜瓣直接泡入醋里，不长时间，蒜就由白转绿。因为过去都是在腊八这天做这个醋蒜，因此就叫了腊八蒜。吃饺子蘸腊八醋，别有滋味。西北地区，是吃羊肉的好地方。吃羊肉，糖蒜是最好的伴侣。

凉皮、凉粉、凉米线

西北地区，凉皮流行，不过各地叫法不同，有叫米皮的，有叫面皮的，有叫酿皮的。凉皮有两种，一种是大米做的，一种是面粉做的。在陕西，最有名的凉皮是秦镇米皮，光润洁白，细软柔和，拌起来筋韧不断，入口嫩而滑爽，让很多人入迷，靠的当然不只是米皮好。多好的米皮，没有调味的汁水，也牵不住人们的口舌。这里面，就有辣子油、蒜和醋的功劳。

凉皮讲究的是凉，如何在夏日吃凉皮，也能吃出凉的感觉？有五字诀：酸、辣、筋、爽、凉，酸辣筋爽之味，能让你感觉出凉来，这其中第一的，就是"酸"。吃凉皮没有醋，那凉皮凉不了。在中国，凉拌用醋，何止一个凉皮，川北凉粉、山西的碗坨子、云南的凉米线、四川的凉面，哪一样缺了醋，都不成味道。

云南昆阳是七下西洋郑和的老家。昆阳城里有家米线馆叫"花老奶"，打出招牌"花老奶赛过桥"。但是这家店主营的不是过桥米线，而是凉米线，花老奶的凉米线，桌上的调料碗至少十只，一只碗里挑一勺，这碗凉米线里也就半碗米线半碗料了。凉米线没有五字诀，最讲究的是两个字：酸、甜。花老奶的甜可不是糖，是云南独有的甜酱油，酸，可就是醋了。有米醋和甜酱油带领，葱花、蒜泥、芫荽、芝麻、辣子油一起上，这花老奶可真就赛过桥了。

酸嘢

广西酸世界，醋的风头足。桂林酸、柳州酸、河池酸，都是酸，到了南宁，也有名字——酸嘢。

说来，酸嘢与桂北诸酸没有什么大区别，都是以米醋为主调，泡酸各色果菜，是一味少男少女们喜爱的街头休闲零食。但是南宁酸嘢有自己的特色，比如将酸嘢分成两类，大盆酸和酸坛酸，大盆酸腌渍时间短，酸坛酸腌制时间稍长。再比如，南宁酸嘢中，包含了热带果菜，木瓜、番石榴、杧果、杨桃之类，桂北各地少见，南宁酸摊上却是常品。

酸嘢这个东西，其实也不是广西人的专利，周边各省，特别是湖南、贵州，街头售卖的以醋泡酸果菜的也不少见。我在贵州玉屏逛农贸市场，进门就有卖酸萝卜的摊子，两大盆，红皮白萝卜，根部完整，以下被切成粗条，壮似八爪鱼，腌在盆里，因为加了辣椒，汤色格外红艳，萝卜上还撒了芫荽段，红白绿，煞是好看。小姑娘端着大碗来买，大约是买回去给老爸当下酒菜的，端着碗，自己先拿出一条，边走边吃。在贵阳，到黔灵山看猴子，山门外小吃汇聚，小吃店门口，就有卖酸萝卜的，除了形状不同于玉屏，内容完全一致。

醋熘菜与糖醋鱼

以醋入菜，在各菜系都有，而且做法大同小异，最多的，是糖醋与醋熘，这在中国各菜系的烹饪方法中，是很特殊的一个现象，研究糖醋与醋熘，可以寻出中国南北各地菜系交流与融汇的蛛丝马迹。

川菜的糖醋鱼很有名，但这个糖醋菜不但川菜有，粤菜、鲁菜、淮扬菜、杭帮菜都不缺席。与糖醋鱼一样，糖醋排骨在各菜系的菜谱上都可寻到，在山东吃糖醋排骨，和在广东吃糖醋排骨，无论做法还是口味，几无大区别。糖醋不止及于鱼和排骨，糖醋里脊、糖醋丸子、糖醋河虾、糖醋面筋、糖醋鸡丁、糖醋豆干，都是糖醋味的好菜。

醋熘也是如此。蔬菜，要取其脆爽，就要保持食材的挺直，不失汁水，互不黏连，这就要用到醋，以醋促脆。肉禽鱼蛤，要解其腻、压其腥、增其味，也要用醋。醋熘的烹法，各菜系也大同小异。清炒土豆丝南北皆有，大多都要烹醋，用醋多的，便是醋熘。醋熘白菜、醋熘藕丁、醋熘豆芽等，是很多人家的家常菜，特别在夏季，为消暑增加食欲，醋熘菜更是高频菜肴。淮扬菜里的醋熘黄鱼，与鲁菜糖醋鲤鱼一样，是淮扬名菜，因为烹法简便，是很多人家的保留菜目。

糟粕醋

醋酸之用，最为特别的是海南的糟粕醋。糟粕，是酒糟。醋酒一家，酒糟在醋酸菌的作用下再发酵，得到的便是醋，此醋再加姜蒜辣椒等香料调制，便是糟粕醋。

用糟粕醋拌食海鲜肉类，做米粉底汤，或者做成火锅底料，烹煮或涮鸡鸭肉、鱼鳖虾蟹，解腥去腻，格外酸爽。东南一带，用糟很多，糟鱼、糟蟹、糟虾，是备受推崇的美味。海南的糟，却是续发酵后形成的醋酸，别具新意。

海南有糟粕醋，是前几年才知道的。二十几年前，第一次到海南，也吃过不少海南特产，包括三亚羊栏镇的清真酸汤鱼锅，却没有听说过糟粕醋。一个偶然的机会，听说文昌的铺前镇有一种醋酸火锅，这次到海南，便开始念叨这个糟粕醋。但是第一次吃糟粕醋，却不在铺前，是在琼海。住在博鳌，连雨天，出门不易，而且遇到文昌暴雨。为了让我如愿，在琼海度假的刘爱群、刘爱华兄弟俩特意在琼海寻到一家正宗的文昌糟粕醋火锅店。老板说，糟粕醋是当天从铺前镇打来的，新鲜。糟粕醋火锅有鱼、有鸡，鱼是潭门鱼，鸡是文昌鸡。老板说：无论鸡鸭鹅肉，无论下水禽杂，无论鱼鳖虾蟹，入糟粕醋锅，都有好滋味——

酸爽。既然是文昌的糟粕醋，就吃文昌鸡。

火锅开，先喝一碗汤。一勺入口，酸味柔润，给人一种鲜灵灵的感觉，糟粕醋的酸和文昌鸡的鲜融合在一起，实在是美味。爱群、爱华兄弟虽然久处琼海，却不知道身边还有如此美食，也大大感叹了一番。

腌　酸

　　中国人饮食中的酸味，除了醋酸，食用最广泛的，大约就应该是腌酸。"腌"，即以盐为媒，在乳酸菌作用下，促使食材发酵变酸的过程。腌酸的食材，可以是菜蔬、果类，也可以是肉禽鱼虾，但最常见的，是蔬菜，所谓酸菜。中国酸菜，是腌酸的典范。

　　中国吃酸菜的地方和人群极其广泛，虽然各地方因为气候物产不同，生活习惯不同，酸菜的取材、做法、吃法不尽相同，但人们对腌酸的酸味的喜爱是相同的。北方冬季寒冷，鲜菜不易保存，冬季吃酸菜，是历史形成的生活习惯，酸菜大炖菜，能把人吃得满头大汗。

南方夏季炎热，为了刺激食欲，也要吃酸菜。潮汕酸咸菜是南方酸菜中的精品。夏季，潮汕人的饭桌上，少不了这个酸咸菜，炒面线、炒肉片、炒蛤蜊、煮酸咸菜鱼片汤，都给人酸爽的感觉，给夏日带来一丝凉意。冷也吃，热也吃，不为别的，就因为这东西太好吃。

酸菜的取材，有的地方单调，比如东北，就是大白菜，潮汕，就是大芥菜。有的地方宽泛，凡是有叶子的菜，均可腌酸。各地酸菜虽然形形色色，但有一点是共同的，就是酸菜的酸香，都是乳酸菌的功劳。因此，酸菜之香，无论东南西北，都带有乳香味道。无论由什么菜腌成，皆然。

酸菜如果细分起来，有两种：一是单纯的腌酸，媒介为盐，求其清爽；另一种是复合型腌酸，腌制用料除了盐，还有诸多调味品加入，取其醇厚，譬如贵州的独山盐酸。

复合型腌酸的酸菜，较单以酸香为追求的酸菜而言，应用范围也有不同。如四川老坛酸菜，做酸菜鱼是极好的。如果用云南酸腌菜，甜味占先，味道大变，所以即便云南人吃酸菜鱼，也是要用四川老坛酸菜，因为四川老坛酸菜酸得纯粹。都匀人吃扣肉，以都匀酸菜做底菜，色香味均佳，如果换作四川酸菜，味道就缺失了太多。

东西南北各地走，吃过的酸菜实在太多，如果让我评价，我认为没有高下之分，就看每个人喜好。客家人喜爱客家大菜，山西人喜爱山西黄菜，东北人钟爱自己的大酸菜，各有所好，各有所长。近些年老坛酸菜泡面在市场上大行其道，几乎占领方便面半壁江山，说明酸菜在中国人口舌之间地位之高，证明了中国人对酸味之喜好程度之高。

酸菜汆白肉

东北天冷，因此东北人吃菜，以炖为主。炖菜有汤有水，吃着肚里暖和、踏实。东北人爱吃酸菜，有原因。白菜不易储，腌成酸菜，可以长时间保存。东北冬季很长，即便开春了，鲜菜也下不来，因此，东北人吃酸菜，一年要吃七八个月。就因为这个，酸菜在东北人心里的分量重得很。过去，一到秋菜下来，几乎家家腌酸菜，特别是农村。

东北酸菜用的是包心大白菜，腌制方法并不复杂，但也有些窍门。大致做法是：白菜掰去外面的老菜帮，清水洗净，可整棵，亦可竖剖两半。缸底撒大粒盐，白菜摆入缸中，每层撒一把盐，盐量适宜，不可多放。满缸，以盐盖顶，压上大块河卵石。为使盐融化，半天后，加清水淹没白菜即可。这是冬季腌法，缸放置在冷凉房屋，缸中有冰凌不怕，但不可冻实。吃的时候，捞出来带点儿小冰碴，最脆生。

东北人吃酸菜，吃法多，最常见的，是剁馅包饺子，即便不放肉，只要多搁点儿大油，照样好吃。炒，酸菜粉，是东北很多人家的家常菜，炒肉丝、炒豆腐干，都是好菜。炖，素的，酸菜炖粉条、酸菜炖豆腐。荤的，可就多了，酸菜炖大鹅、酸菜炖小鸡，都是硬菜，最常吃的，是酸菜氽白肉血肠。过去，这是过年吃的杀猪菜，现在生活条件好了，吃一顿酸菜汆白肉血肠，稀松平常。

到东北人家做客，如若冬天，主人招待，如果有一大盆酸菜汆白肉血肠，那可是高待你了。东北小烧烫上，大盆菜端上，大米饭盛上，热气腾腾，满屋飘香。东北大酸菜给人的感受，可就不是一个酸、一个香能概括的了，更能透出东北人的那股豪气。

黄　菜

华北地区，在京津，人们也腌酸菜，用大白菜，大致方法与东北相差不大。但是大城市的人，吃得精巧，一般用小坛子，有的人家就用盆，一次腌一两棵。到了山西，酸菜就变样了。山西人珍爱的，是黄菜。

山西人的黄菜，是酸菜中的一种，用的是芥菜。芥菜叶子和芥菜疙瘩一起入瓮腌。东北人腌酸菜，是大棵白菜入缸，山西人腌黄菜，却要将芥菜切得细碎，在瓮中压实。雁北、忻州、朔州一带方言，称碎为"烂"，因为切得碎，当地人就叫"烂咸菜"，外地人听着不好听，但是很形象。东北人腌酸菜，白菜洗净要到开水里烫一下，山西人干脆把这个环节省了，直接往坛子里浇开水，也是一种促酸的办法。

过去，人口多的人家，可不止一坛两坛，有的人家要腌四五坛，才能应付一冬。山西人吃莜面，锅里上面蒸莜面，下面蒸一碗烂咸菜，烂咸菜拌莜面，撒点儿烧糊的红辣椒面，是很上讲究的饭食。

到陕西，酸菜的选材就更宽了。大白菜当然是主角，但是莲花白、萝卜、萝卜缨子、洋姜、辣椒都能派上用场。和山西人一样，也是切碎了腌，包括大白菜也要切成丝，口感上多少与东北酸菜有些不同。陕西酸菜的流行，越往北越盛，越往南越弱，关中地区是中间地带，延安榆林是核心区，不因别的，就一个原因：天气寒冷，储菜不易。

酸菜往西的界限好像就在关中。关中是浆水与酸菜的混合区，过了关中，到了甘肃天水，酸菜衰微，速成的浆水菜成为主流。天水人把这个菜也叫作酸菜——浆水酸菜，说来，还是有别于秋季或初冬腌制，在坛子里腌半年的酸菜。

老坛酸菜

四川人将蔬菜做酸，有两种办法。泡酸和腌酸。泡出来的是泡菜，腌出来的是酸菜。泡菜泡的时间短，随吃随泡，讲究一个脆。酸菜腌的时间长，讲究要老，老坛酸菜才最正宗。这个老，不是说坛子有多老，而是腌菜的那坛盐卤要老，头一茬下坛的菜吃完了，接着下第二茬，只加盐，不换卤，腌出来的才是正宗的老坛酸菜。

酸菜可以做出多种多样的菜肴，最有名的，是酸菜鱼。这个酸菜鱼，用什么地方的酸菜都做不出川酸菜的味道。因此，无论东南西北，各地只要打酸菜鱼招牌的，不用问，肯定是川味。有一年到成都，去五凤、洛带看客家风情，住在金堂，晚上在沱江边的一个鱼馆吃鱼。这个店有道名菜，"红汤酸菜金丝鲶"，红汤，酸菜，黄金鲶，鱼肉间透出的那股奇妙酸香让我叫绝，以致几年过去，对这个菜仍念念不忘。

川酸菜那股特有的诱人酸香，据说和用盐有关。北方大部分地区腌菜，都用海盐，也叫大粒盐，一般不会用那种磨成细末的碘盐，大粒盐腌出来的菜好吃。四川酸菜、泡菜，不用海盐，用井盐，而且必须是自贡的泡菜盐，认为自贡的泡菜盐腌出来的菜方为上品。我到自贡曾参观过千年老井"燊海井"，这口井直到现在还出盐，出的盐，就是四川人离不开的泡菜盐。大约，川酸菜与其他地方不同的特殊味道，真的是川盐所然。

五花八门湘酸菜

到湘西，去看沈从文笔下的边城茶峒，在花垣住了几天。早上逛街，见路边好几个苗族大妈叫卖酸菜，仔细看，是豌豆大小的暗红色颗粒，不相信这就是酸菜，询问之下，才知道这是包谷酸辣子，真的不是菜，但是花垣人说是菜，就是菜，只不过不是真正意义上的酸菜。

但是，湖南的确有酸菜，而且种类多，三湘四水，各有其佳。湘西土家族的酸菜，就有好几种，最接近川酸菜的，是芥菜，还有青菜酸、洋姜酸、萝卜酸、冬瓜酸、野菜酸，等等，最奇妙的还有茄子酸。但是我觉得，湘西的酸菜，与泡菜有些分不清，或者说介于二者之间的感觉。

我在永顺县的王村吃过一顿土家族土菜。其中就有一个酸菜鸡。鸡自然是永顺的土鸡，酸菜与川酸菜基本一样，当地人叫大兜菜，就是大芥菜。湘西邻近重庆，所以永顺人腌大芥菜的基本方法与川渝相似，包括用盐，也多用四川泡菜盐，所以酸菜味道基本与川渝两地无大区别。酸菜鱼吃过很多，酸菜鸡，却只能在永顺品尝得到。

走出湘西，往东走，看三湘四水各地酸菜，总的感觉是五花八门。湖南人腌酸菜，视角相当宽，白菜、芥菜、包菜、萝卜，包括红薯叶，都可腌。湖南人腌酸菜的办法，与山西人有些相似，不是大菜入坛，一般都切碎后再腌，这一点与川酸菜、东北酸菜大不同。

还有一个体会，湘菜中酸菜的运用，多做炒菜，少用作汤料，这一点，和川酸菜重炖汤喝汤也大为不同。湘菜中的酸菜炒笋片、酸菜小炒肉、酸菜炒蚕豆、酸菜炒豆干、酸菜炒魔芋都是烹法简单、易做好吃的家常菜。湘菜也有酸菜鱼，用的酸菜也是大兜菜腌制的。我吃过湘味酸菜鱼，比川菜多了几分辣，另有一番滋味。

独山盐酸

贵州腌酸当中，最负盛名的大概要数独山盐酸。独山盐酸是中国腌菜中的极品，因为早在二十世纪三十年代，鲁迅先生吃过独山盐酸后，就给了一个极高的评价："中国最佳素菜。"

独山盐酸，酸甜微咸，稍带糟香蒜香，那味道可称奇妙，让人食之难忘，而且不是现在出名，从清代开始，就进了皇宫，成了贡菜。腌菜用的菜，贵州、四川叫青菜，云南叫苦菜。

云南酸腌菜，用红糖，四川人用冰糖。独山盐酸，调甜，用三味，第一是醪糟，第二是红糖，第三是冰糖。

做法上就比川滇精细。青菜洗净晾至萎顿，用盐揉出水分，初腌。待水充分析出，加醪糟、红糖拌匀，再加入蒜、辣椒粉、冰糖，最后入白酒，立马封坛。热时半月，凉时两月，即可食用。菜绿椒红蒜白，酸甜咸辣糟香，佐粥下饭皆宜，故称西南第一。

独山盐酸不但能当咸菜佐粥下饭，还能作为配菜，烹调多种美味，酸汤猪脚、酸菜扣肉、酸菜蒸鱼，等等，这也是这个美味让人迷恋的原因之一。最早推崇独山盐酸的人是大旅行家徐霞客。

明末，徐霞客由黔入滇，路过独山，吃了独山盐酸，赞不绝口，认为是菜中精品。那时候的名字是"坛酸"。清代，一位独山人，号称西南大儒的莫友之，将盐酸进奉进宫。莫友之被曾国藩招揽在麾下当幕僚，把家乡小菜送给他品尝，曾国藩吃了大加赞赏，便敬奉给皇上，皇上吃了也觉得好。由此，独山盐酸成了大内御膳的一味小菜。鲁迅先生是从贵州人姚华那里见识到这味西南第一菜的。鲁迅先生在北洋政府教育部任职时，结识了贵州学者姚华。他到姚华家拜访，姚华拿独山盐酸招待。鲁迅老家是梅菜之乡，惯吃梅菜的绍兴人，能如此夸赞独山盐酸，可见是真的好。

云南酸腌菜

云南酸腌菜用的是云南人称之为苦菜的大叶青菜。苦菜在云南也分两种，大苦菜和小苦菜，都可以做酸腌菜，但如果用大苦菜，则要挑个头小的，个头大的苦菜菜梗太宽，叶太大，所以用小苦菜的为多。

同称酸腌菜，却也分两种：水腌菜和干腌菜，菜相同，二者腌法不同。水腌菜一般是整棵菜入坛腌制，而干腌菜要将小苦菜切成小段。腌法不同，腌出来的菜风格和口感自然也不同。云南人腌菜，用到的调味品多，除了盐，还有红糖、白酒、八角、茴香，最最重要的是辣子粉。所以我以为，腌酸这个类别中，云南酸腌菜的腌法和调味大概是最为复杂的一种。

无论水腌菜还是干腌菜，最初的步骤是一样的。先将苦菜在通风处晾干，待其脱水发蔫，再用水洗净，洗净后再晾，水分必须全部晾干。如果腌水腌菜，晾晒到菜叶干即可，如果是腌干腌菜，则要进一步，菜叶菜杆进一步脱水方可。此后便是在大盆中将菜与各色调料混合起来揉制，务必使调料与菜杆菜叶紧密结合，方可放入腌菜坛中压实，一般天气，发酵一个月后即可食用。云南酸腌菜，最大的特点是甜味与辣味相济，呈甜辣味道，喜甜的人家，红糖用量很大。但是，腌制酸腌菜所用的辣椒，都是四川人称之为二荆条的辣子，辣度中等，是绝对不会用小米椒的。

云南酸腌菜，在日常饮食中几乎天天离不开。吃米线、吃饵丝、吃面条，都要有酸腌菜才吃得香。吃大米饭，最下饭的配菜是酸腌菜炒肉末。不少云南人到外地出差旅游，都要带一瓶酸腌菜炒肉末，可见云南人对酸腌菜的依赖有多深。

朝鲜族辣白菜

北方酸菜，无论是东北大酸菜还是京津冀的酸白菜、山西的黄菜、陕甘的酸菜，主味咸酸，因为腌制所用，就是一个盐。但是有一个例外，朝鲜族辣白菜。

之所以将朝鲜族辣白菜与北方大部分地区的酸菜区分开，是因为朝鲜族辣白菜腌制工艺和口味有明显的特殊之处。

制作朝鲜族辣白菜，增甜用的，是苹果和梨。参与调味的，除了盐、苹果、梨，还有辣椒面、姜、花椒，等等，等等。这几个"等"，是说不同地方的朝鲜族同胞腌辣白菜所用的调料都不一样，绵白糖、虾酱、葱、蒜、白萝卜、水芹菜，甚至韭菜、糯米粉均可加入。

黑龙江五常是朝鲜族人口大县，有好几个朝鲜族民族乡。我多次到五常下乡，亲眼见过朝鲜族阿妈妮做辣白菜。一棵白菜切两半，雪白的精盐、鲜红的辣椒面与苹果和梨捣成的果泥混合在一起，仔细掀起每一片菜叶，连叶带帮，均匀涂满，码入缸中。快者七八天，慢者十多天，发酵完毕，即可食用，长腌不拘时长，特别是冬季。

朝鲜族辣白菜的特点一是脆，二是清鲜，酸甜辣味都带着一股田野般的清新味道。除了辣白菜，辣萝卜的腌制办法大致一样，口味也无异。朝鲜族咸菜非常丰富，除了辣白菜、辣萝卜，还有用朝鲜族辣酱拌腌的桔梗、蕨菜、海带，甚至牛板筋之类，但与辣白菜已经不是同类。

朝鲜族辣白菜，可以当作下饭小菜、冷面配菜，也可以炒食。辣白菜炒五花肉，在朝鲜族地区，是上讲究的好菜，甚至什么也不添加，就用辣白菜炒白米饭，也好吃。辣白菜还可以煮汤、煮排骨、煮豆腐，都能将主料的味道提起来。哈尔滨青瓦台饭店的辣白菜汤做得尤其好吃，既不煮肉，也不煮豆腐，而是煮蛏子。海鲜遇到辣白菜，双鲜，那味道，简直绝了。

泡　酸

　　泡酸，是将蔬菜做酸的一个手法，南北皆有，南方为多，最著名的是四川泡菜。

　　泡菜之所以叫泡菜，不叫酸菜，因为泡菜的制作是"泡"，而非"腌"。酸菜腌制是要较长时间保存的，因此盐分比泡菜大。而泡菜是随泡随吃的。酸菜以盐防腐，因此不怕接触空气，大缸腌上，压一块大石头，如此而已。而泡菜是以乳酸菌发酵的，要抑制各类霉菌沾染，所以泡菜必须与空气隔绝。泡菜坛子一般都有挡水沿。也有一次性泡酸的，可以用盆罐做容器，泡成，不再续泡，这种泡法北方为多，比如北京人做酸豆角，就是一次泡成，泡完吃完，下次再泡。如果用大盆，接续泡，用不了几天，就会满是白色霉斑，无法食用了。

泡菜靠乳酸菌的发酵生成大量乳酸，因此泡菜有乳香味。因为泡的时间短，泡菜与酸菜比起来，更脆爽。可以做泡酸的菜要比酸菜丰富得多，辣椒、白菜、甘蓝、黄瓜、豇豆、芹菜、莴笋、甘露、萝卜、嫩姜、洋姜、竹笋，等等，少说也有二三十种。而且，泡菜是多种菜泡在一起，各种菜的味道相互浸润，更得其味，这一点也和酸菜大不同。

四川泡菜中，还有一个特殊的类别，荤泡菜，鸡爪、鸭蹼、猪耳朵、牛百叶都能泡，泡酸了，更显味道。泡菜讲究要有老盐水，即便是新做的泡菜，最好也要有几勺老盐水做引子，方能使泡菜的乳香充分发挥出来。四川泡菜好，与遵循这几条不无关系。

四川泡菜

四川泡菜，历史悠久。考古出土的泡菜坛子，证明在两汉时期就有泡菜的存在。川西平原物产丰富，都江堰建成后的两千多年里，向无水旱之灾，是名副其实的天府之国，农业发达，农作物丰富，为人们的饮食提供了多种多样的选择，川菜可称中餐第一大系，这就是基础。

四川人做泡菜，是家家都要做的，即便现在市场上可以选择的泡菜品种琳琅满目，但四川大部分人家的厨房里，仍然蹲着一个擦洗得干干净净的泡菜坛子。泡菜有耐泡的，也有随泡随吃的。随泡随吃的，泡进去一两天，刚刚变酸，即可捞出食用，这叫水洗澡，也叫洗澡泡菜。黄瓜条、白萝卜条、莴笋之类便是。也有泡的时间长的，酸度因此更大，嫩姜、豇豆、小红萝卜、甘露、洋姜，等等。这些菜，还承担着另一个任务，就是将自己的味道源源不断地输送给那些水洗澡的菜，使每样菜都能出落得酸香宜人。

泡菜的泡，选择性很强，泡菜做得好的主妇，能精妙计算出每样菜泡的时间，使每样菜捞出来，菜品之脆、乳酸之香都恰到好处。无论捞出就吃，还是剁末炒食，都让人口鼻回香，食欲大增。

四川泡菜用的盐，是自贡大颗粒井盐——无任何添加的泡菜盐。四川人认为，只有用泡菜盐做泡菜，腌酸菜，才有泡菜、酸菜的本味。那些经过多道加工的细碎碘盐，少了大自然的味道，泡出、腌出的菜不好吃，大约是有道理的。未提纯的盐，不但包含了氯化钠，大概还包含了很多别的物质。但也许只是千百年留下来的传统。

无论如何，泡菜盐泡出来的菜，就是香。

泡　椒

泡椒也是泡菜，是泡菜中一个特殊的单元。泡菜坛子里众多菜品中的辣椒，也是泡椒，可一般来说，泡椒是单独泡出来的，整坛泡的都是辣椒，一坛红。这样泡出来的辣椒，不掺杂他味，味道更浓烈、更纯粹。泡椒云贵川渝都有，食用最多的，是川渝两地，川渝泡椒，有专门名字——鱼辣子。用来泡的辣子，多用二荆条，因为二荆条味浓而辣得平和。

鱼辣子当然也可以当泡菜，捞出来就吃，但也有更重要的任务：为菜品调味。最著名的泡椒菜，莫过于鱼香肉丝，鱼香肉丝的鱼香，指的就是鱼辣子之香。鱼香肉丝鲜辣微酸，就是鱼辣子的贡献。

泡椒菜不止鱼香肉丝，泡椒黄喉、泡椒牛肉、泡椒鸭胗、泡椒鱼片、泡椒猪蹄、泡椒鸡杂、泡椒田鸡、泡椒肚条，都是川菜中可圈可点的好菜肴。泡椒菜最妙的是能促脆，肚条与泡椒同烹，肚条脆度大增，除了泡椒，与其他任何食材搭配，大约都达不到如此效果。

川渝两地，重庆人对泡椒似乎更喜爱。前年到重庆，走了不少地方，走到哪里，都能看到泡椒的影子。在洪崖洞、磁器口这些民俗旅游热闹的地方，更是少不了泡椒的踪影。

云南也有泡椒，多数泡的是云南人说的小米辣，且以绿色为多，泡出来的小米辣深绿褪去，变为浅绿泛白，此时辣子辣度稍减，酸香却大增。即便如此，云南的泡小米辣，辣度还是大大高于四川的二荆条，连泡辣子的泡水，也辣得可以，吃面条，想有点儿酸辣味，倒一股泡水，那味道可就酸辣俱全了。

酸　笋

酸笋是泡酸中的一个大类，分布地区主要集中在广西、广东、云南、海南。湖南、贵州也有食用酸笋的习俗，但分布范围较小。从民族食俗看，少数民族食用酸笋的比例高于汉族，壮族、傣族、侗族、傈僳族、阿昌族、景颇族都有泡酸笋、吃酸笋的习惯。在云南，傣族地区的酸笋是日常菜肴，酸笋酸菜、辣椒、糯米饭是一日不可缺的。广西的桂林米粉、南宁老友粉，离了酸笋还叫什么桂林粉、南宁粉？

酸笋制作方法不复杂，但各地做法也有不同。傣族酸笋，就是用井水浸泡，让其自然发酸，天热的时候，几日即成。壮族酸笋，做法与傣族相近，但为促其快酸，也有用淘米水泡酸的。无论用何种方法，有一点是共同的，就是只能泡，不能像腌酸菜一样腌，泡成即食，清鲜爽脆。

在西双版纳、德宏、临沧傣族聚居区，酸笋在日常饮食中的地位非常高。傣族烹饪，多用包烧和煮，如果是煮，一般都会有酸笋的加入。酸笋煮黄鳝、酸笋煮田螺、酸笋煮螃蟹、酸笋煮肉，等等。吃的最多的，是酸扒菜。在汉族人看来，很多傣菜都尖酸巨辣，但是酸扒菜辣度很低，追求的是一种平和的酸，其中就有酸笋的贡献。吃过香茅草烤鱼、撒苤米线，辣得口中冒火，吃一口酸扒菜，喝一口酸扒菜汤，马上就缓和下来。真正傣族口味的酸扒菜，各种食材的配伍很讲究。酸扒菜也有荤素之分，荤的，可以煮猪脚、煮牛肉、煮鸡、煮鱼。素的，可以煮洋芋、煮南瓜尖、煮红豆。无论煮什么，最基础的还是营造酸的酸笋和酸木瓜。

在湖南、海南，也遇到过酸笋，但与广西的每日亲近无法相比。在北方，如果不是执意寻找，很难与酸笋相会，但也不是没有。即便在明、清、民国时期，北方也能吃到酸笋。《红楼梦》一书中，就有描写薛姨妈给贾宝玉炖酸笋鸡皮汤的情节，只是不知道薛姨妈是如何得到酸笋的，或许，那时在京做官的南方官员，自有渠道通过漕运将鲜笋、酸笋运到京师。可见，酸笋这东西，是寄托了很多南方人思乡情结的。

酸豇豆

泡酸这一类型里，能够与泡椒、酸笋比肩的，大约是酸豇豆。酸豇豆在泡酸菜品中，也是一个佼佼者。酸豇豆不限南方，北方人也吃，这就是酸豇豆的特殊之处。比如，北京很多家庭，夏季经常自家泡酸豇豆。暑日炎热，食欲不振，而此时恰逢豇豆大量上市，价钱便宜。买几斤，搁盆里泡上，一两日便成，素炒可，搁点儿肉丝肉末，荤炒亦可，酸香，下饭。

但说起来，吃酸豇豆最多的，当数长沙人。在长沙吃饭，几乎每次都能碰到，无论在寻常人家，还是在饭店，这个菜出现的频率实在太高。

酸豇豆的做法都差不多，不过各地、各家都有自己的习惯。北方人的做法比较单纯，就将豆角洗净控干，并不切段，加少许盐，其后便装入容器，天热时一两天，天凉时两三天便成，也有的为防霉，加入少许白酒。南方很多地方要加入辣椒、蒜末之类调味，有的为促其酸，还要加入少许白醋，有整根豆角泡酸的，也有切段进容器的。但无论哪种方法，泡的时间都不能太长，否则豆角的脆劲就会消失，味道也会变差。酸豇豆的吃法，见到最多的是炒肉末，其次是炒豆干。在湖南，有用酸豆角拌面的，我在通道就吃过。

湖南人家，酸豇豆一般是单独泡的，不与别的菜掺杂在一起，但是在四川，少有将豇豆单独泡的，豇豆在泡菜坛子里和别的蔬菜挤在一块儿，也因此，四川泡豇豆味道更丰富。

我在四川生活的那些年，想吃一盘泡豇豆炒肉末简直是奢望，但是，学校大师傅们会做素炒酸豇豆，起锅前浇上一大勺红油，那种酸香辣香，仍然能大大勾起我的食欲。多少年过去，每当碰到酸豆角，常常想起的，仍然是当年那闪着红油光彩的泡豇豆。

仫佬酸坛·毛南瓮煨

仫佬族和毛南族都是百越系民族，与壮族侗族同源。仫佬和毛南，古代都曾被称为"僚"，和仡佬族的亲缘关系更近些。仫佬和毛南都是人口较少的民族，也是历史上饱受压迫的民族。由于身居大山深处，耕地少，粮食来之不易，生活必须节俭。由此形成的食俗，就带有了鲜明的特色。其中最主要的就是以腌酸为特征的酸食习惯。酸可保鲜，无论荤素，对粮菜都来之不易的人们来说，这是被生活逼迫出来的创造。

毛南族的"毛南三酸"，仫佬族的酸坛，是两个民族最具代表性的酸食。毛南族的三酸，是"腩醒""索发"和"瓮煨"。"瓮煨"，是毛南语中"酸坛"的意思，和仫佬人的酸坛一样。每个人家都必备的腌菜坛，里面是盐水酸汤，用以腌制菜蔬，随腌随吃。

说"被生活逼迫出来的创造"，是听了一位毛南族老师的话：你想吃瓮煨，在城里已经不多。生活富裕了，城里人家大都自己不做。要吃酸，市场上丰富得很啦。老师叫谭俊周，曾担任下南乡中学校长，是著名的毛南歌王。我到环江，柳州朋友因有事不能陪同，特意委托谭老师和在银行工作的覃丽英女士接待我。两位老师都是毛南族，对毛南民俗自然熟悉不过。到环江的当天中午，谭老师和覃丽英请我们吃毛南牛肉，桌上除了牛肉牛杂，还特意摆了一盘毛南酸菜，让我们品尝体会。

谭老师告诉我们，过去瓮煨是家家都有的，包括城镇人家。一坛酸水，自家的鲜菜，采摘了，就往坛子里泡，生活困难的时候，没有什么可吃的，佐粥佐饭，几乎全是瓮煨。都是什么菜？谭老师说：山上采的、自己家里种的，都可以啊，萝卜、黄瓜、青椒、莴笋都可以酸，蒜头、蒜苗、嫩姜，也都可以啊。如此，毛南族的瓮煨，与仫佬族的酸坛，没有区别。

仫佬族的酸坛，有两种，水坛和干坛。水坛类似四川的泡菜，泡制新鲜蔬菜。干坛类似贵州的腌菜，先将新鲜蔬菜晾至半干，再拌以盐糖酒和辣椒粉，入坛压实密闭。无论水坛、干坛，腌出来的菜都酸辣甜俱全。

糟　酸

　　糟酸，是将辣椒、姜等食材剁成细末，腌渍发酵而成的一种酸。糟酸也是复合之酸，一般都由两种以上食材混合发酵。糟酸既可单独食用，也可作为其他食材的配料。辣椒为主的糟酸，各地叫法不一，有叫糟辣子的，有叫糟辣酸的，有叫剁椒的，也有用其他食材做糟酸的，如畲族的糟姜，渝东鄂西的椒姜蒜加包谷面糟出来的渣海椒、醡辣椒。不过，糟酸最主要的食材，还是辣椒。

　　以糟酸烹饪的菜肴，有很多可以列入中华美食精品名录，比如湘菜的剁椒鱼头、川菜的糟海椒回锅肉、黔菜的糟辣椒肥肠、滇菜的酸辣鲫鱼、桂菜的糟辣香菇肉片，等等。至于家常做法，那就更多了，炒肉、炖鱼、拌鸡、卤鸭、做汤，只要想吃、爱吃，均可运用。在四川，有人做蛋炒饭也要加入糟海椒；在贵州，有人干脆用糟辣椒拌饭；在云南吃米线，特别是在滇南各地，米线店的台案上，一定会摆一罐糟辣子，任君自取。吃米线时放一勺糟辣子，添一点儿酸辣，那味道，真是不一样。

　　有人以为，糟酸这东西主要出现在南方，其实不然，北方喜爱此物的人也不在少数。在哈尔滨，红尖椒大批上市、价格便宜的时候，很多人家都会做糟辣椒。有时我也会买几斤，按照朝鲜族的方法，洗净，去籽，加入一颗苹果、一颗梨、十几瓣大蒜、半块嫩姜，用搅馅机一起搅碎，再加少许盐、糖，放入玻璃罐子里，发酵几天，便酸香溢出，用以炖鱼、炒肉、拌面条，皆美。做酸汤鱼，就用自制的糟辣椒，味道也很足。喝小酒，用它拌黄瓜条，好小菜。

贵州糟辣椒·云南糟辣子·广西糟辣酸

中国吃糟辣酸最集中的地方和最多的人群，我以为首数西南，包含广西在内的这个地区，是中国最著名的酸辣美食之乡。云南、贵州、广西的很多地方，是把糟辣酸作为地方特产的。贵州的都匀四酸，很重要的一酸就是糟辣酸。

云南近半数民族把糟辣子作为本民族的美食，尤以彝族为著。彝族地区的糟辣子用途极广，很多菜肴都离不开。糟辣子炒小瓜、糟辣子回锅肉、糟辣子炒洋芋片、糟辣子炒鸡杂，是很多家庭的日常菜肴。糟辣子还可以做腌料，腌制其他蔬菜，云南有名的水晶藠头，就是藠头和糟辣酸的亲密结合。广西来宾、贵港一带，流行红糟酸，红糟酸是禾酸与菜酸的结合，河池、百色一带，糟辣酸就和云贵一体化了，以糟辣酸烹调的菜肴也很相似。

虽然都是糟辣酸，但各地的做法各有特色。云南的糟辣酸，大多用辣子、姜、蒜，有的老姜、嫩姜一起用，加盐巴拌匀，发酵剂大多是包谷酒，土坛子密闭发酵。贵州糟辣椒，发酵剂多用醪糟，醪糟含糖，所以贵州的糟辣椒酸甜味更浓。

我在云南、贵州吃糟辣酸，体会最深的是这两个省烹调鱼肴的特色，如果不是做酸汤鱼，相当多的时候是用糟辣酸的。特别是家庭烹调，鱼块炸好，只用一味糟辣子，微炖，微辣带酸，腥味全无，做法简单，全赖糟辣子之功。云南人即便做酸汤鱼，也常常用糟辣酸做汤底，同样鲜美。我在贵州都匀贵侯苑宾馆，就吃过糟辣酸火锅，菜肉入锅，捞出来不用打蘸水，那酸鲜的味道就已让人倾倒。

辣椒进入中国的时间不长，中国人食辣椒的历史，大约不过三百年。但就在这短短的三百年里，中国人对辣椒的运用却达到世界各个民族都无法比肩的程度。其中，将辣椒做酸，就是一例。几百年的磨炼，由辣椒派生出的各种调料、酱料、食材，丰富多彩。糟酸只是其中之一。

黔江渣海椒

在重庆，糟海椒最流行的地方，要数黔江地区，但这个地方不叫糟海椒，叫"渣海椒"。"渣"这个字，在四川方言中，有"小、碎"的含义，与湖南人的"细"、陕西人的"碎"、山西人的"烂"同义。到饭店，看菜谱，渣渣鱼，很多外地人一头雾水，以为是把鱼剁成渣渣，其实不然，就是一碟小鱼而已。把糟海椒叫"渣海椒"，倒也形象。

出了渝东，到湖北恩施，这东西也流行，大约是土家族地区的共爱。渣海椒的做法，与其他地方多少有些不同，除了三辣——海椒、姜、蒜，还要加入包谷粉，这是使渣海椒发酵变酸的重要媒介，也是促香的重要食材。将海椒、姜、蒜剁成渣渣，混入包谷粉、盐，发酵腌酸，就大功告成了。这与云贵地区以酒为媒多少有些不同。

有一年到黔江，游乌江百里大峡谷，终点是古镇龚滩。到龚滩，第一顿饭就是土家土菜，两个菜让游客们大加赞扬，一是辣豆干，另一个就是渣海椒回锅肉。辣、酸、香，大好滋味。渣海椒在黔江一带，吃法不只回锅肉，渣海椒炒五花肉、渣海椒炒米豆腐、渣海椒面糊，都是日常饮食中的常见菜肴。

剁椒鱼头

糟辣椒到了湖南，叫剁椒。剁椒做法简单，相较一些地方的糟辣子、渣海椒更为简约，主要是三样：辣椒、姜、蒜，调味用盐、酒。剁椒当然要靠剁，辣椒姜蒜统统剁碎，再混合，加入调味用的盐酒，密封腌制即成。有的人家还要在剁椒里加糖，一是促甜，二是加速发酵，也有加味精的，意在增鲜。湘菜中，用剁椒的菜品很多，所以剁椒在湘菜中的地位不低。

剁椒菜最有名的当数剁椒鱼头，鱼头用的是鳙鱼头，大鱼头取中劈开，葱姜垫底，红红的剁椒满覆，鱼头蒸出来，椒红肉白，鲜香扑鼻，入口细嫩，微酸微辣，迷倒多少食客，很多人百吃不厌。

湘菜中的剁椒菜，除了剁椒鱼头，有两道以素为主的菜也很有名，一是剁椒蒸豆腐，即剁椒覆盖豆腐，蒸出来的剁椒汁水浸入豆腐，味道极美。另一个是剁椒肉末茄子，将茄子煎软顺着划开，但不划断，将剁椒与肉末同炒，覆盖在茄子上，稍加水，大火蒸炖。我以为，这个茄子可以当鱼吃。剁椒作调料，炒什么都可，炒白菜、炒瓜丝、炒金针菇、炒豆干、炒芋头，都是好菜。凉拌也可，拌藕片、拌土豆丝、拌黄瓜丁、拌莴笋丝、拌鸡块、拌皮蛋，想拌什么拌什么。

剁椒之香，说到底，还是一个糟字，辣椒姜蒜剁碎，以盐酒为媒，进行发酵，没有这个发酵过程，糟香无从产生。但是，椒姜蒜剁的细度、比例，盐与酒的量，都是影响剁椒美味度的因素，这就要看做剁椒人的本事了。

东北柿子酱

糟酸类别里，北方有一款应该列入——柿子酱。西红柿剁碎腌渍发酵，因类似酱的形状，故称柿子酱。这东西，在过去物质匮乏，冬季没有鲜菜的时候，在北方各地，特别是东北，是各家必备的美食美味。

我刚到东北的时候，看到很多人家在秋季西红柿大量上市的时候，成筐往家里倒腾。这东西不像白菜、萝卜、土豆耐储存，不解何以买这么多，后来看到几家做柿子酱的情景，才知道，原来是以此保鲜的。

柿子酱做法看似简单至极，就是将洋柿子蒸熟，扒皮，剁碎，拌少许盐，放置到容器里待其自然发酵，吃时取出便可。但是实际操作起来，却远非这么简单。第一，容器要非常干净，不能有任何杂菌存在，保证柿子在发酵过程中不受污染。第二，容器不能太大，每次打开，最好一次吃完，因为空气进入，容器内剩余的柿子有可能霉变，长出白色菌斑，不堪食用。第三，柿子在发酵过程中，容器不能密封，却也不能敞口，须有满足两个条件的特殊办法。

东北人是很聪明的，为了在寒冬腊月吃上带点儿鲜菜味道的柿子酱，做的时候不厌其烦，极其精细。容器选用医院里的葡萄糖瓶，葡萄糖瓶的橡胶盖，是隔绝空气的最佳器具。瓶子不大，一家人吃饭，无论是煮汤还是拌面，一顿就能吃完，绝不浪费。在腌渍柿子之前，将瓶子连盖下锅沸水煮，形同医院消毒。蒸柿子、剁柿子的人，手一定要洗得干干净净，做这活儿的一般是女人，男人一般不受信任。柿子剁成碎丁，用勺子灌入瓶中，灌到八分，留下两分，为柿子发酵膨胀留下余地。盖上盖子，盖得严严实实，瓶子上插上一根粗大的注射针头，用作柿子酱发酵期的通气孔。待发酵完毕，再拔下。何为发酵完毕？柿子酱不再膨胀时，就是拔针头时。

寒冬腊月，滴水成冰，鲜菜没有了，想吃碗鸡蛋西红柿面，打开一瓶，酸香扑鼻，和着鸡蛋一炒，西红柿鸡蛋卤就来了。闺女小子下班回家，看见老妈端上有红有黄、漂着油花的鸡蛋西红柿面，口水都流出来了。这就是妈妈的味道，能让闺女小子记一辈子。

浆　水

　　陕甘两省，有一个很特别的食俗，浆水。以浆水为基，做浆水菜、浆水面、浆水饭，是夏季很多地方的日常饮食。

　　何为浆水？蔬菜或野菜以沸水焯过，再以清水煮沸，调入少量麦面、豆面、包谷面作触媒，使其发酵变酸，即为浆水。浆水既带有蔬菜的本味，也带有发酵后的清香之酸，夏日食之，增食欲、消暑渴，是极好的饭食。冬日吃浆水，更能体会菜之香。浆水食俗，历史悠久，是先人留给我们的宝贵文化遗产。

　　浆水是菜酸和禾酸的混合体。选菜范围很广，这就使浆水的流行度更宽。做芥菜和荠菜是最好的，但是也不止芥菜荠菜，萝卜缨子、芹菜、莲花白、白菜、莴笋叶均是上好材料。野菜亦佳，蒲公英、车前草、水芹菜、苦苣菜均可。有的地方，为增味添香，还要加入姜、茴香、芫荽。

浆水制作，步骤性很强，有了菜，下一步就是焯菜。菜用清水洗净后，晾蔫，锅要洗净，绝不能有一丝油，水沸后将菜投入，半熟时捞出。第一遍焯菜之水是不能要的，倒掉，以新水浸之，下一步最为重要——拔酸。最简便的拔酸办法是取老浆水做引子，如果没有，则要加入包谷面、麦面、豆面之类，或直接用米汤、豆面汤，引其发酵。浆水做成，就可以随吃随添，吃掉原先泡入的菜，再加入新菜，往复不断，浆水减少，加入新水，同时也要加入米汤、面汤、豆面汤之类。每次投新汤，都要搅，使其均匀，使发酵继续，酸味不减。发酵是需要温度的，夏日听凭自然即可，冬日则须放在炉旁炕头，城市人家，置于暖气旁。随投随吃，永续利用。不但满足食欲，也能增添几许生活乐趣。

浆水这东西，在陕甘宁青几个地方是得人心的。人们对浆水的依恋，与贵州人对酸汤的情感一样，三天不吃浆水菜，虽然达不到走路打蹿蹿的地步，可也浑身不舒服。与浆水相配，浆水菜、浆水面、浆水饭，吃法相当丰富，而且各地有各地的特色。我在天水吃过浆水面，时值夏日，很感叹，爽口，清鲜，真是夏日好吃食。

安康浆水菜

浆水流行的地区，甘肃主要是兰州以东。陕西两大片，一是关中，二是陕南。陕北是晋方言区，食俗近于山西，取酸主要用醋，浆水不兴。陕西浆水菜，安康大约是最有名的，安康人干脆把浆水菜叫作酸菜。不但安康人吃，连毗邻的川渝鄂一些地方也把浆水菜、浆水面当成地方小吃。

安康人吃浆水菜，历史悠久，积累下来的吃法也多，凉吃热吃，干吃稀吃，多种多样。凉吃，浆水菜切了，搁点儿盐面儿，点一点儿香油，脆生生，酸丝丝。热炒，浆水菜与辣子、姜丝、韭菜、蒜苗之类相配，炒出来，就是下饭好菜。浆水菜可以合炒，炒粉条、炒豆腐、炒豆芽、炒魔芋、炒鸡蛋。不但可炒，还可炖，炖鱼、炖肉、炖豆腐。还可做汤，酸菜豆腐汤、酸菜肉丝汤、酸菜鸡蛋汤、酸菜粉丝汤，自有浆水滋味在。浆水菜还可做成复合饭菜，浆水面是最常见的。浆水面片、浆水饺子、浆水凉粉也是很多家庭常吃之物。还有一样，安康人叫"麻什子"，就是山西人说的猫耳朵，山西人炒着吃的居多，安康人更多的是煮熟后浇上浆水，点一点儿辣椒油，汤汤水水，呼噜呼噜一大碗。酸菜炒米饭、酸菜蒸米饭、酸菜烩米饭、酸菜包包子、酸菜包饺子、酸菜包馄饨、酸菜拌面，都是安康人常吃的。安康人待客，浆水做的饭菜，虽是家常便饭，却带着发自内心的亲切。安康民谚曰：一缸浆水菜，啥客都能待。

天水浆水面

十多年前，陕西省搞了一次名面评比，各地报上来的，共有一百多种。后来省里挑了五十种，作为候选名单，其中就有安康浆水面。浆水面在陕西各地都有，浆水面第一名选安康，自然是因为安康浆水名气大。其实，如果扩大一点儿，说陕南浆水面大约更准确些，因为汉中、商洛的浆水面也不差。跳出陕西，到甘肃，也有让人留恋不已的浆水面，我在天水就吃过。

在天水吃浆水面，是逛完麦积山，进城，进了一个小面馆。面馆小，品种不少，大多带荤，素的就一个浆水面，自然价格便宜。到天水之前，在甘肃已经走了好几个地方，一路吃面。在敦煌吃驴肉黄面、嘉峪关吃臊子面、兰州吃牛肉拉面，到天水，换个口味，吃浆水面。浆水菜，在天水也叫酸菜。吃面，浇在面碗里的，自然是浆水，盖在面上的，自然就是浆水菜，再撒上葱花，点一小勺辣子油，清爽之中带了些许香辣味道。

甘肃地处西北，正处于中国酸域的中心地带，但是调酸所用，却与山西这个陈醋天下有较大区别。例如天水这个地方，醋酸与浆水酸可以说是两分天下。

天水小吃，有两样很有名，呱呱和捞捞。这两样调味用的都是醋，但一遇到面条，浆水就占先了。面条是天水人几乎天天不离的饭食，浆水优势不言而喻。相对于醋酸，浆水的酸味更柔和。最主要的是，浆水可以自制，简易，省钱，味美，对中国农村来说，这是最主要的。

　　吃过天水浆水面很多年后，我在陕西汉中又吃了一次浆水面，这次是特意为寻味而去。吃后很感慨。几千年来，小农经济主导中国社会，勤俭是最重要的美德，衣食皆然，鲜菜不易存，浆水可弥补，而且酸鲜，何乐不为？汉中在中国南北交界处，食俗如此，可以想见更古时候，中国农民为吃饱饭，是如何挣扎，又如何在挣扎中创造出美食美味。浆水，正可做证。

东乡浆水搅团

　　搅团和撒饭，很多外地人单看字眼，一般就能知道，是吃的东西，但很难想象出这东西的模样和口味。在西北地区，这是普通的饭食。

撒饭，就是面糊糊。比撒饭稠的面糊糊，便是搅团。两种饭做起来，都要靠"搅"。至于什么面，不拘，玉米面、豌豆面、麦面、荞面均可。山西、内蒙古很多地方做搅团，用莜面，但是不叫搅团，也不叫撒饭，叫"拿糕"。陕甘宁乃至雁北、河北坝上、内蒙古西部，都流行这东西，认为是好饭。因为做起来简单，很得农村单身汉青睐，所以这饭食也叫"光棍饭"。

在西北地区，搅团和撒饭普通平常。但是也有很特殊的。甘肃东乡族的搅团和撒饭，就很有自己的特点。第一，东乡搅团和撒饭用的是青稞和豆子混合磨成的青稞豆面。第二，用的不是开水，而是酸浆水。这与汉族地区的做法大不同。东乡人认为，这样做成的撒饭搅团才清爽可口。

东乡族人口不多，但是有自己的自治县，位处甘肃临夏。据民族学专家考证，东乡族祖源多源，包含了波斯、阿拉伯、突厥、蒙古、汉等民族成分，最终在甘肃这片土地融合成一个新的民族。临夏这片土地的气候物产催生出东乡人的饮食风俗，与当地的回族、汉族、藏族都有相似之处：信仰和民族禁忌，与回族同；烹调方式和口味，与汉族相似；以青稞为食，接近藏族，等等。而对酸浆的热爱，是融化于西北这片大地之中的特征之一。

东乡人把搅团、撒饭与浆水结合在一起，是一大创造。东乡人的搅团，还要加上韭菜、胡萝卜、咸菜，之后再用酸浆水和上辣椒、蒜泥，那味道一定是酸中带辣，辣里透鲜，别有滋味。

酸　汤

　　贵州人"三天不吃酸，走路打蹿蹿"，那个"酸"大多指的是酸汤。酸汤不但流行于贵州，也流行于湘西、鄂西地区和滇桂两省。酸汤是一个大名称，包含的种类非常丰富，凡是能调酸的食物，都能做成酸汤。云南富源的酸汤猪脚，用的多是酸萝卜，德宏傣族的酸扒菜，用的是酸笋，大理白族的海稍鱼，用的是酸木瓜。到了贵州就更丰富多彩，米汤醁成的白酸汤，毛辣果酿成的红酸汤，独山三酸、都匀四酸的菜酸、虾酸、香酸、臭酸、糟辣酸，都能做成香气逼人的酸汤。

前不久，带北京的老友团重游贵州，在南三州，几乎每天都要吃一顿酸汤锅，雷山酸汤鱼、黎平酸汤羊肉、荔波酸汤土鸡、平塘酸汤脆皮猪脚。到安顺，虽然出了南三州，但还是吃了一顿酸汤牛肉。

贵州人迷恋酸汤，与贵州的地理、气候、历史都有关系。贵州阴冷天气多，吃酸汤锅，能促进食欲，御寒暖身，而且全家围炉而坐，锅里热气腾腾，锅下炉火温暖，怎一个安逸了得。历史上，贵州缺盐，无盐饮食，常常是以酸代咸，辣椒传入贵州，很快被苗族、侗族同胞接受，以酸代盐，以辣代盐，就成了贵州很多民族的食俗。

中国地方志中，最早记载辣椒用以食物调味的，正是贵州，"土苗用以代盐"。自从有了辣椒，酸辣两味，就成了贵州地方饮食最具代表性的饮食口味。贵州酸汤，极具亲和力，很多外地人到贵州，立刻便被这酸辣口味俘虏，成为酸汤爱好者。酸汤鱼、酸汤鸡、酸汤牛肉、酸汤猪脚、酸汤排骨、酸汤豆腐青菜，哪样都吃不腻。

凯里酸汤鱼

贵州省南部有三个自治州，黔东南苗族侗族自治州、黔南布依族苗族自治州、黔西南布依族苗族自治州，是中国少数民族集中的地区之一，境内不止有苗族、侗族、布依族，还有水族、仡佬族、瑶族等，这个多民族地区，有着共同的饮食习俗，以酸辣为美，且都有食用酸汤的食俗，汉族也不例外。

贵州酸汤，鸡鱼牛羊猪脚，各种酸汤锅基本都吃过，但给我留下最深刻、最美好印象的，仍然是第一次到黔东南，在镇远吃红酸汤，在凯里吃白酸汤的经历。特别是凯里"快活林"的酸汤鱼，此后无论在哪里吃酸汤，都会情不自禁地想起那口酸汤翻滚、香气四溢的铜锅，那几个青春靓丽的苗族服务员真诚的笑脸。

凯里酸汤鱼名闻全国。到凯里不吃酸汤鱼，就如同到北京不吃烤鸭一样，是天大的遗憾。所以，我到凯里当天晚上，便直奔当地最有名的"快活林"解馋。吃酸汤鱼，一般都是一心一用，不像吃别的火锅，还要点几个凉菜。不过为解腻，店家送了两个围碟，一盘酸萝卜，一盘米豆腐，均极鲜美。鱼有草鱼、鲢鱼、江黄、胖头。点了一条二斤重的江黄鱼。贵州人说的江黄，湖南、湖北都叫江团，刺少肉嫩，最宜汤做。酸汤是米汤酸，汤色淡黄，以牛骨熬成，虽牛油漂浮，但鲜而不腻，鲜酸可口。汤锅中配鲜姜、香葱、草蔻。江黄下锅，约十分钟即熟，果然鲜美。鱼与鲜菜相得益彰，一筷下口，便停不下来。

用酸米汤调酸，是苗侗先民的一大发明与贡献。米汤做酸易，但做香难。据说凯里的家庭主妇都是做酸米汤的高手。实际上，凯里吃酸，不只酸汤鱼，还有酸肉、酸鱼、酸菜、酸笋，大多也是以酸米汤腌成。这种习俗，并不只是凯里一地，湖南怀化的芷江、溆浦、通道，与凯里相邻的铜仁均沿此习。

吃完这顿酸汤鱼，我就成了凯里酸汤的宣传志愿者，凡有人让我推荐贵州美食，我首先推荐的就是凯里酸汤。前年，一个北京朋友到昆明旅游，我特意请她在昆明马街一家凯里酸汤饭店吃酸汤鱼，没有江团，吃的是黑鱼。那位朋友是淑女，吃凯里酸汤却变成了女汉子，连声赞叹。凯里酸汤有魔力。

三都水族辣椒酸汤

水族在黔南、黔东南分布很广，三都是水族人口最集中的地方，也是全国唯一一个水族自治县。荔波、凯里、榕江的水族人口也不少。水族与同语支的侗族相近。食俗喜酸，也是水族的一个重要食俗特征。

在三都，曾见过水族人的农村婚礼，被邀请参加他们的宴席，因为赶路，没能接受盛情，但是几十张桌子排开，一桌一个锅，酸汤翻滚，热热闹闹的情景，给我留下很深的印象。

荔波也是水族重要的聚居区之一。有三个水族民族乡，县城里居住的水族也不少。体验水族民俗，品尝水族美食，荔波是个好地方。侗族吃酸，布依族吃酸，苗族吃酸，都有自己独具特色的酸汤，水族喜酸，也把酸汤作为离不了的日常饮食。但是水族的酸汤，除了毛辣酸、米汤酸、鱼酸、臭酸，最常食用的是辣酸，纯纯的用辣椒发酵出来的酸。

水族辣酸，用红辣椒，即贵州人口中的"红辣角"。用小石磨磨成浆，加入甜酒，就是四川人的醪糟，如果没有醪糟，用糯米稀饭亦可，在坛子里密封发酵，发酵成熟的辣椒浆酸香十足。吃的时候，入火锅，煮菜、煮肉、煮鱼、煮豆腐均可，捞出打蘸水。也可在煮菜时加入酸汤，做一锅酸汤煮菜，仍是捞出打蘸水。有人吃面条，也是面条煮出来，舀一勺辣酸，拌开，就是一碗酸辣香的拌面。臭酸、鱼酸、虾酸，水族人也吃，但是最多、最简便的，还是辣酸。

凤凰酸汤菜

在凤凰吃饭，很丰盛，血粑鸭、沱江鱼、老腊肉，还有凤凰的酸汤菜。血粑鸭、老腊肉一个辣，一个油，喝一口酸汤，解辣解油，舒爽。我的一个同学在湘西土家族苗族自治州工作，他的夫人就是凤凰苗家女，他告诉我，凤凰的血粑鸭、老腊肉、板栗炖鸡都是凤凰人招待客人的美味好菜。但是，凤凰人日常吃得最多的，却是酸汤菜。最常吃的，是酸汤菜煮豆腐，酸香，口味平和，是凤凰苗家真正的家常菜。

湘西酸汤菜，并不是用腌制好的酸菜兑入清水熬制出来的，而是用菜叶——白菜叶、青菜叶、萝卜缨，阴干后用沸水焯过，剁碎，以米汤为发酵剂，在坛子里泡酸。菜叶阴干的过程中，自然发黄，所以酸汤菜色黄，酸度适中，连汤带菜一起烧开，下入豆腐，加上盐、豆豉、葱花、辣椒，就是一锅极好的酸汤菜煮豆腐。湘西苗族、土家族、侗族食俗，与贵州很相像，嗜辣嗜酸。酸鱼、酸肉、酸鸭流行，但是，鱼肉鸭毕竟不是天天吃的，想吃酸，最便利的便是酸汤菜，说酸汤菜是湘西名菜也无不可。

酸汤这个习俗，是各地苗族共有的。湘鄂滇黔无一例外。苗族在中国历史上，是一个充满悲剧色彩的民族，从上古时期就饱受战乱之苦，一路南迁，历朝历代颠沛流离，最终落户湖广、岭南、西南，且跨国过境，进入东南亚甚至美洲、澳洲。而在颠沛流离中形成的食俗，也随之扩散到世界各地。前不久我到老挝旅游，在老挝中部、北部，见到不少苗族村寨，好几个地接导游都是苗族人，在南鹅湖吃过一顿老挝船饭，糯米饭、酸汤菜也是老挝苗族的美食。

禾 酸

　　禾酸，指的是谷物制成的酸。很多地方有将谷物发酵变酸后食用的习俗，西北酸粥酸饭、湖南包谷酸糯米酸、广西红糟酸，乃至贵州米汤酸，皆是。宋应星写《天工开物》，言及红曲，认为是化腐朽为神奇，其实禾酸亦然。广西的红糟酸，就是稻米向红曲的华丽转身，进而囊括各类菜蔬，烹出神奇美味。

　　人们何以放弃粮食本味，追求其酵酸的效果？这的确是一个值得探讨的问题。比如很多地方流行酸饭，外人难以理解，何以好好的饭不吃，一定要做酸才吃？吃惯了酸饭的人回答，酸饭的好处简直说不尽，除了口感好、易消化、易吸收，还顶饱、耐饿，甚至有酸饭美容的说法。

湖南人嗜辣、善辣，其中就有将玉米、糯米发酵呈酸后与辣椒结合，做出酸辣口味的包谷酸、糯米酸，广西流行的红糟酸，与糯米酸异曲同工。更不要说在贵州大为流行的，以米汤做酸，用以煮食肉菜鱼虾的白酸汤。即便是西北地区以蔬菜发酵的浆水，发酵时，多数也要往浆水里加入米汤或面汤，以促其酸。这就是典型的禾酸与菜酸的结合了。

包谷酸·糯米酸

二○一一年秋，到湘西龙山的里耶，看秦简博物馆，那天正逢里耶赶集日，买的卖的，熙熙攘攘，热闹至极。集市是最能体现一方民俗的地方，看乡民们出售的各色物件，有一样，看不明白——瓦盆里装着黄里透红、结了块的东西，非饭非菜非酱，不知何物，问，答曰：包谷酸，是用包谷粉和辣椒粉混合后加入盐，密封腌制出来的，味道酸香，故称包谷酸。

过去湘西穷，粮食尚且不够吃，蔬菜更是稀少，当地苗族、土家族百姓就以此为菜，用以下饭。传承既久，工艺渐精。后来到铜仁，到恩施，知道这东西不但湘西有，铜仁也有，恩施也有，定义成苗疆美食、土家美食，应该是可以的。

不但包谷可酸，糯米也可酸。糯米酸，做法与包谷酸同，但口感更柔和。两者虽做法相同，吃法却多少有些不同。包谷酸一般是炒食的，热锅菜油，油沸，将包谷酸倒入锅中翻炒，至油色均匀，谷粉散开，装盘即可。包谷酸亦可做调味，炒腊肉、炒猪大肠、炒鸡蛋、炒肉片。糯米酸因黏度较大，可以在锅里摊开，油煎成片状，用铲子切成小块，绝对是下酒的好菜。在湘西，有时候在街头，也可以看到作为小吃的油炸糯米酸，切成菱形块，撒上芝麻，外焦里嫩，微酸可口。糯米酸也可用高油猛火炒，炒成半膨化，酥酥的，是儿童小食品，更是酒鬼之爱。还有一种做糯米酸的办法，不用把辣椒剁碎，而是剖成两半，将糯米粉与各色调料混合拌好，放入辣椒中抹平，放到坛子里密闭发酵。待其变酸，即可食用，其实是糯米酸的另一种形式。

湘西土家人还有米辣子，也可叫作米粉酸，不用包谷粉，也不用糯米粉，用粗米粉，做法与包谷酸、糯米酸一样，口感也类似。米辣子不但可以炒食，还可做成米辣子糊，米辣子糊煮菜，是当地人四季皆宜的家常菜肴。湘西大山里有好菌子，米辣子和菌子的结合，更是不可多得的美味。

广西红糟酸

广西来宾一带，流行红糟酸。红糟，就是红曲的延伸，来宾人称它为红糟种子。米饭以红曲霉菌发酵，就成为红曲米。明代宋应星在《天工开物》中，专门记载了红曲米的制作工艺，认为此物神奇，"其义臭腐神奇，其法气精变化。世间鱼肉最朽腐物，而此物薄施涂抹，能固其质于炎暑之中，经历旬月蛆蝇不敢近，色味不离初，盖奇药也"。

红曲在中国，不但用于食物防腐、食物添加，还可作为药物，治疗多种疾病。但以红曲为媒，将蔬菜做酸，大概是广西人的专利。来宾的武宣县，是红糟酸流行最盛的地方。

要做红糟酸，先要做红糟米，传统做法是将米煮饭，米用籼米，取其松散，米饭煮好，拌上红曲，或者说红糟种子，加入适量的醋和米酒密封发酵，历经三洗三酵，白米饭就成了色泽红亮的红糟米。以红糟米拌入大蒜末、红椒碎，再入坛发酵，就成了红糟酸。以红糟酸为母，加入嫩姜、萝卜、豇豆、黄瓜等，就可腌制出酸脆可口的酸菜。红曲成就了红糟，米酸成就了菜酸，这些入口脆嫩、酸辣鲜香的瓜菜，是武宣人日不可少的佐餐佳肴。

红糟酸不但可以腌菜，还可以烹调肉类。用红糟腌泡的凤爪，做出的红糟鱼、红糟大肠，都是名满一方的美食佳肴。

来宾，原是柳州下辖的县，二十世纪末才独立成市，武宣也是此时与来宾一起走出柳州的。所以无论方言还是食俗，来宾、武宣与柳州其他地方无大区别。但是在吃酸上，来宾、武宣却比较突出。螺蛳粉也是来宾、武宣的当家小吃，但酸笋放得多，酸味更足。除了螺蛳粉，更酸的还有螺蛳煲，螺蛳、芋头、鹌鹑蛋、鸭爪配上酸笋，是很多女孩子夜宵的当家小吃。炒螺蛳，更是酸笋与辣椒一起烹出的酸辣味十足的小吃。

武宣地处大瑶山南麓，是一个多民族聚居的县，全县三十多万人口中，壮族、苗族、侗族就占了二十多万，各民族食俗的相互融合，造就了一方美食，红糟酸只是其中之一，却是很耀眼的一个。以红糟做糟鱼、糟肉者多，以红糟做老酒者多，但以红糟做酸的，大约只有武宣，应该在中华美食大册上有专门一节。

满族酸汤子

酸汤子，是东北人的一种饭食，是苞米发酵后磨浆澄粉，做出来的酸汤子有点儿像粗条饸饹，味酸，是满族的一种传统食物。汉族人到关东后，认为好吃，也跟着吃，渐渐就变成了东北人都喜爱的一种吃食，流传于东三省各地。

酸汤子是苞米做的，做起来多少有点儿复杂。先要把苞米去皮，做成苞米糟子。苞米糟子用冷水浸泡十数天，待其发酵变酸。捞出来，用石磨磨成浆，然后澄为湿粉。吃的时候，将湿粉先用开水烫过，待其发黏，攥成团。大锅将水烧开，将攥成的苞米面团从一个汤套里挤入锅里。这个汤套，是用白铁皮做成的，夹在手指间，一头大一头小，用力挤压，苞米面就成了条状，进了锅。酸汤子好熟，下完了，也就熟了，捞出来即可装碗享用。

　　叫酸汤子，一是因为味酸，二是汤汤水水，吃的时候稀里呼噜，连饭带汤一起来。酸汤子可以热吃，也可以凉吃。热吃拌韭菜鸡蛋酱，或者青椒鸡蛋酱，没有，拌点儿大酱也不错。凉吃，捞出过凉水，过去一般都是哇凉哇凉的井水，井水拔过，透心凉，拌上鸡蛋酱，加上黄瓜丝、萝卜丝、芫荽段、拍两瓣蒜，喜辣的还可以加点儿辣椒油，是夏日的好吃食。还可吃甜的，拌上白糖，最好是糖稀，酸甜可口，是小孩子的最爱。不过，这说的是过去，现在，这东西在农村还有人做，在城里，少了。

　　满族饭食中包含的酸，还不止一个酸汤子。满族人惯用黏苞米面做黏豆包，那豆包甜中也带酸。这是因为，做豆包的黏苞米面和好包好后，也有一个自然发酵的过程，黏豆包的这点儿酸味，很亲和，吃的时候，如果没有了这淡淡的酸，好像味道还不足。这与满族人的饮食习惯与生产方式密切相关，喜黏、喜甜、喜酸，气候之所然，物产之所然。

酸粥酸饭

酸饭，就是把米饭做酸。新饭不吃吃酸饭，是山西、内蒙古、陕北一些地方的特殊食俗。酸饭有干有稀，稀者酸粥，干者酸饭。酸饭好吃，"早上酸粥中午糕，晚上焖饭上油炒"，是最好的生活。

酸饭，是糜子米饭。在黑龙江西部内蒙古东部，叫稷子米。黍米经过酸浆水发酵，捞出来，就成了酸米，用以熬粥捞饭，便是酸粥、酸饭。酸浆水从何而来呢？来自于浆米罐子，在以酸饭酸粥为主食的地区，几乎家家都有一个甚至两三个这样的罐子，罐子里存的，就是发酵黍米的酸浆水。酸浆水，是一代代接种下来的，对每个家庭来说，都是宝贝，万万不能丢。

酸浆水其实就是多种乳酸菌的集合体，用以发酵黍米，对人的吸收消化有大益，和吃酸奶的效果是一样的。喝酸粥，吃酸饭，健脾开胃，生津止渴，美容养颜。最重要的，黍米如果未经发酵，吃起来涩且粗粝，发酵过后的黍米，却口感圆润，酸香宜人。在物资匮乏、食物简单的年代，这就是当地农人最美味的食物了。

酸粥酸饭，看似简单，吃起来却能变出很多花样。比如捞饭。捞饭后的米汤，晾凉了，是夏日最好的冷饮，田间劳作回来，一身大汗，进家门，婆姨递给一碗酸米汤，咕咚咕咚喝下去，那是什么享受？即便是城里人，爱这一口的，也大有人在。说起来，比那些洋饮料不知好多少倍。

黍米是这一带的特产。这一带，还有一个好东西，山药蛋。黍米和山药蛋的最佳结合，就是山药酸粥。熬粥时，先把山药丁丁下进去，再下黍米，熬出的粥山药绵软、黍米筋道，就着辣咸菜，那叫一个美。

吃酸饭，还有拌酸菜的，两酸合一，味道更足。

山西河曲是酸饭的大本营，当地人吃酸饭，一般都是就大锅熬菜，还有一种习俗，叫茄子抹酸粥，就是吃酸粥时，就烧茄子拌蒜。在灶坑里把茄子烧熟，去皮，撕成小条，调入油盐酱醋，拌上蒜末。喝酸粥，就上烧茄子拌蒜，河曲人认为，再没有比这更好吃的了。

荤 酸

中国人吃酸，绝大部分是素酸，源自于瓜果、菜蔬、禾谷。可也有喜用荤酸的。中南、西南很多民族都有腌制家禽、野味、肉类的习俗，与汉族大多数地方做咸肉、腊肉不同，以腌酸为美。是为荤酸。

肉禽宰杀后不易保存，我们的先人们便想出很多办法，腌、糟、腊、脯、醉，等等，酸只是其中一种。也许是因应地理气候，南方夏天炎热，冬季湿冷，喜荤酸的人群，多居于南方，多数是百越系民族，如侗族、布依族、水族、仫佬族和毛南族。

侗族酸肉酸鱼名扬天下，都匀四酸中，虾酸不用说了，香酸是带肉的骨头发酵而成，可以说是布依族特有的美味。环江毛南族同胞的毛南三酸，其中两酸是荤酸。苗瑶系民族也钟情荤酸，分布在湖南、广西、广东的瑶族同胞，不但做酸肉、酸鱼，连鸡鸭鹅都能做酸，不但禽畜肉类可酸，连鱼虾蟹螺亦可酸成美味。

荤酸中最特殊的，大约要数云南龙陵的蚂蚁酸。大个红蚂蚁，捣碎，酸液流出，与肉类菜蔬亲密接触，酸得淋漓尽致，酸得豪爽无比。尝过此酸，世上还有什么酸不能入口？

苗瑶之酸

酸鱼、酸肉、酸鸭、酸鹅，不但是侗族的美食，也是苗族、瑶族的美食。到湖南，到广西，常常能见到当地人腌制的肉类和鱼虾，有时以为是侗家物产，细打听，才知道，苗族、瑶族也以此为好。可以说，这是南方各民族的共爱，荤酸的典范。

苗瑶两族，亲密无间，不但在语言上有亲缘关系，在风俗习惯上的表现，也很突出。例如食俗，就有相当的一致性，食酸，而且都有腌制酸肉、酸鸭、酸鹅的习惯。苗族在华南和西南的分布很广，湘鄂桂琼滇黔渝遍布。我原以为四川是少有苗族分布的，后来到四川宜宾，才知当地苗族村寨也不少。云南的苗族人口更多，从昭通到红河，都有苗族的自治地区，昆明郊区也有不少。瑶族的分布，虽然不及苗族区域面积大，呈大分散、小聚居形态，但人口亦不少，湘南桂北尤其集中，云南也有河口、金平两个瑶族自治县。

苗族和瑶族虽居住分散，但古往今来传承的食俗，都保留在两个民族中。我在河口，就见过瑶族的"鸟醢"，是将小鸟雀脱毛去内脏，以炒米与盐巴涂抹，在陶罐中腌制发酵的一种食物，可以久存，其味酸香。这个典型的民族风味，广泛存在于各地瑶族的生活之中，不止云南，广西、湖南、广东的瑶族都有同样的习俗。

柳州的融水，是苗族聚居区，融水苗族祭祀祖先，年节宴客，必用酸鱼、酸肉。婚丧嫁娶，更是如此。融水苗族娶媳妇，接新娘时要有一对酸鱼、一只酸鸭为礼，如果是一只大酸鹅，则被认为是厚礼。湘西、贵州苗族同胞，习惯在稻田养鱼，秋收季节，也是鱼儿的收获季节，米入仓，鱼入坛，把稻田里的鱼捞出，清水洗净，取其内脏，以盐、辣子、生姜、大蒜，辅以米粉，码入坛中，数月后即成，酸辣味浓，经年不腐，日常食用，来客招待，都是好菜。

毛南三酸

毛南族饮食的主导口味是酸，菜蔬、肉禽、河鲜，均可做酸，所谓毛南三酸，即"腩醒""索发""瓮煨"。腩醒是酸肉，索发是酸螺蛳，瓮煨是酸菜，都是毛南人日常饮食中不可或缺的佐餐菜肴。

在环江，接待我们的谭俊周和覃丽英两位都是毛南族，为了让我们了解毛南食俗，特意请我们吃了两顿特色餐。吃酸，除了毛南酸菜、酸肉，还让我们品尝了酸汤"腊锥"。腊锥，是一种桂北特有的小鱼，因为长相与泥鳅相近，也叫刺鳅，肉质极鲜嫩，可以与豆腐、蔬菜共烹，亦可汤食。酸汤腊锥，鱼美，那酸中带辣的鱼汤，更是美味。

毛南腩醒，虽然也是酸肉，但与其他地方的酸肉相比，在制作上更为精致，牛肉用环江菜牛，猪肉用环江香猪，食材已经居高。腌酸所用不是米粉、包谷粉，而用环江香糯，香糯是除菜牛、香猪之外，环江第三宝。以香糯裹肉片，与菜牛、香猪三宝同在，这酸肉必是精品无疑。这顿酸肉，无论口味还是口感，都给了我很深的印象。可惜的是，这次到环江，没吃到索发，想来与侗族习惯将小鱼、小虾、小螃蟹做酸相似。毛南族同胞将酸螺蛳作为三酸之一，必是美味。

　　环江毛南族饮食相对精致，不但在做酸吃酸上，其他菜肴也相当讲究。两位老师请我们吃的清汤菜牛和烤香猪肉、香猪血肠，就很精致。毛南族所在的环江，出产一种牛，环江菜牛，因为主要出自下南乡一带，也叫下南菜牛。中国历史上，少有专门养菜牛的，基本上都是役牛，但下南菜牛已经有三千年以上的历史。因为牛肉嫩度极高，不但可以涮食，还可以做成扣肉。

　　到环江的外地游客，环江菜牛和环江香猪，都是绝不可舍的美食。我们吃的这顿清汤涮牛肉，有牛脑、牛胸肉、牛骨髓和牛红（即牛血），肉片成薄片，骨髓切成段，牛红解成小块，清汤是牛骨煮成，鲜味十足。覃丽英老师说，这一大盘牛脑、一大盘牛骨髓，是整个一头牛的，这是毛南人待客的礼节。不但菜牛四五大盘摆上，酸肉、酸菜、烤香猪肉、香猪血肠也都大盘大碗，红白相间，满桌灿然。四斤土大炮——毛南族米酒抬来，毛南歌王谭俊周高唱迎宾歌、劝酒歌，让我们见识了环江美食，更见识了毛南族朋友真诚、火热的心。环江的寻酸之旅，成为一次美好、感动之旅。

纳西酸鱼·景颇酸肉·傣族酸牛筋

　　纳西族和景颇族，都是藏缅语族彝语支民族，族系可以追溯到秦汉时期，从青海四川沿着藏彝走廊南下进入云南。这两个民族食俗中，都喜酸喜辣，而且都有荤酸的成分。纳西族有腌酸鱼的习俗，景颇族有腌酸肉的习俗。在云南各民族中，是比较突出的。景颇族与傣族交叉居住，很多习俗，是两个民族共同的。食酸，是其一，傣族的很多食俗，也是景颇人的传统。

纳西酸鱼，其实叫"摩梭酸鱼"更为准确，因为吃酸鱼的主要是摩梭人。摩梭人的食俗，与纳西人无异，不同的是，很多方面带有藏族痕迹，种青稞、吃糌粑。腌酸鱼，是摩梭人的习俗，但不流行于丽江其他地区。而且摩梭人的酸鱼腌制，与其他民族也不同，不是鲤鱼、草鱼，而是高原湖泊特有的鱼种。且促酸用的粮禾，不是米粉，不是包谷粉，而是青稞。

摩梭人腌酸鱼，用的鱼叫裂腹鱼，是生活在云南高原湖泊中的一种冷水鱼，生长缓慢，十年才能长到一斤左右，鱼肉非常鲜嫩。摩梭人腌酸鱼的一个重要特点，是要用活鱼腌制，为的就是求其鲜。腌制过程与侗族、瑶族、苗族腌鱼的方式相近，腌料就是盐巴、花椒、包谷酒和糌粑，也用陶罐，码一层鱼，加一层腌料，压实密封，半月腌成。摩梭酸鱼，生食鲜嫩酸香，也可熟食。蒸熟，酸味不减，加辣子炖汤，酸辣可口。

摩梭酸鱼好，但是不易吃到。高原湖泊，裂腹鱼数量不多，即便在泸沽湖边，酸鱼也属珍品。到宁蒗，到盐源，如果碰到，千万不要错过。

相比摩梭酸鱼，景颇酸肉就普遍多了。想吃的话，在德宏各地的景颇风味饭店里，都可以吃到。我在瑞丽的景颇饭店里，就见识过这道景颇美食。在云南的世居民族中，景颇族是人口数量比较大的民族，民族特色十分突出，比如歌舞，叫"目瑙纵歌"，观赏性很强，女孩子着黑布衫、红筒裙，满身银饰，叮当作响，跳起舞来长发狂甩，热烈至极。如果是一两个人跳倒也罢了，让人吃惊的是，这舞一跳起来，就是大场面，过去是一个寨子，百十人，现在，动辄就是几百人、上千人。有重要的庆祝活动，如丰收了、来贵宾了，还有上万人共跳目瑙纵歌的，一跳就是三天。在云南各民族里，如此规模的歌舞，少有超过景颇的目瑙纵歌的。

不但民族歌舞，民族饮食也极有特色。景颇族的烹调，与汉族大不相同，烹调有六法，"舂、烤、煮、剁、炸、腌"。其中剁和腌，均与酸有关。

剁，就是把生肉剁了吃。景颇人，无论猪肉、牛肉，还是鱼肉、青蛙，都可剁，剁得碎碎的，加点儿野芹菜之类，用酸水一拌，就可以吃。酸水不拘，酸木瓜水、野柠檬水是上品，没有，腌菜汤也可。过去，最好的剁，是剁麂子肉，现在麂子禁猎，吃不到了，但猪肉、牛肉、鱼、青蛙还可以剁，也好吃。

腌，除了腌菜，还腌肉。菜的种类就多了，包括山野菜、笋子、水蕨菜、棕苞米、芭蕉心，凡能当菜吃的，均可腌。肉呢，过去野兽多，麂子、豪猪、野鸡，现在不打猎了，猪牛羊肉，均可腌。而且一定要腌酸。景颇族酸肉的腌制，与纳西酸鱼大不同，不用米粉、糌粑来促酸，而是与腌菜一样，用酸水浸泡，调料也都是蒜瓣、野花椒、小米辣、姜之类，吃起来更清爽。在德宏，酸肉不但景颇人吃，阿昌族、傣族人也吃。

到德宏吃景颇饭，点菜，鬼鸡、炸竹虫、烤鲫鱼、剁生，可别忘了再来一碗酸肉。

德宏景颇族有酸肉，版纳的傣族，有更绝的酸味美食——酸牛筋。汉人吃牛筋，一般都是炖了吃，或者加入烧烤行列，没有多少花样。在版纳，傣族人却有另类吃法，制酸。牛筋切成条，大火煮软，捞出，凉水泡洗，洗净，拌上盐巴、小米辣、野花椒、姜蒜，装进罐子里密封，不用多日，牛筋便发酸发挺，吃的时候掏出来装盘即可。酸牛筋酸辣清鲜，入口弹牙。从外地到版纳的人吃傣家饭，多要点这个菜。吃了喃咪米线，吃了豆汤米干，吃了菠萝肉片，吃了炸青苔，尝尝酸牛筋，一定喜爱。

龙陵蚂蚁酸

龙陵是云南保山的一个县，明代之前，主要居民是傣族，明代以后，汉族、回族移民渐多，成为一个多民族聚居的地方，从食俗上看，也带有多民族融合的特征。比如吃肉生，就是龙陵各族百姓的共爱。

龙陵人过年杀猪，必吃的一道菜是肉生——酸菜拌生猪肉片。很多外地人到龙陵，是不敢下箸的。这还是很平常的吃法，如果是贵客，要高看一眼，不用酸菜拌，用龙陵特有的酸蚂蚁来拌，很多人可能就更不敢下筷子了。其实，蚁酸肉生，真是好吃，与酸菜肉生比起来，蚁酸酸得更舒爽。龙陵蚂蚁，个大，大的能有半寸长，大肚子，一肚子酸。龙陵人抓蚂蚁，不是一只一只抓，是连窝端，连蚂蚁窝一起摘回家，把蚂蚁用盐腌上，捣碎，焖在罐子里。这东西自己能够保质，不需任何添加，久储不坏。龙陵人做剁生，猪肉切薄片，挤入柠檬汁，杀去腥气，酸蚂蚁加入，猪肉立刻脆了起来，再加点儿小红萝卜丝，那可真是脆上加脆，酸上加酸，爽上加爽。

酸蚂蚁剁生好吃，可不能天天吃。天天吃的，还是酸菜。云南人对腌菜的食用量普遍大，龙陵尤甚。酸腌菜花样繁多，龙陵的腌菜，有几样在滇西很有名气，被冠以龙陵之名。最有名的是龙陵酸大笋，但在龙陵却不叫酸大笋，就一个字，"酸"。鲜竹笋切丝，入罐压实，以树叶蒙之，十天后便发酵变酸。取出拌以辣子粉与盐巴，入罐再腌，则愈酸，是龙陵人做菜的主要调味品。炒肉用、煮鱼用、煮菜用，无所不用。酸大笋用酸汁煮熟后晒干，称软糯笋，配鸡鸭鱼肉均可，开胃健脾。云南人吃酸，数第一的，当数龙陵人。

沤　酸

做荤酸，通常的办法就是一个字，"腌"。譬如侗家的酸肉、酸鸭、酸鹅，腌成后肉质细嫩，食之嚼劲十足。但是无论荤酸素酸，都还有另类做法——沤酸，这可就不是腌了。

沤，是将食材，无论菜蔬还是肉禽河鲜，长时间在坛子里沤，且随吃随沤。沤出来的食材腐败酸化，不要说细嫩、嚼劲，拿都拿不起来，全成汁水。如此做法，只能称之为沤酸。

最典型的沤酸，我以为是贵州黔南州独山、荔波一带的虾酸和臭酸。近些年，荔波旅游日渐兴旺，饮食行业也愈加发达，地方美食向外推展，游客功不可没。但是很多游客到了荔波，却少有敢品尝一次荔波臭酸火锅的。有的人连走近都不敢，因为那个火锅飘出来的味道太特殊，如果一定要形容的话，只能是臭气熏天。然而当地人却自得其乐，认为是上天赐予的美味。我两次到荔波，因为都是随同而往，没有自己活动的机会，虽然很想尝尝这很多人闻而生畏的臭酸，却始终没有机会，只能听荔波人兴高采烈地介绍。

人的口味是很奇怪的。比如北京人喝豆汁儿，那东西明明是馊而酸的，喝的人却认为是爽口、回甘。再比如昆明人吃长菜，明明也是馊而酸，但昆明人却说，比不馊不酸的还香。其实，臭豆腐、毛豆腐，不也一样吗？很多人对黔南的这个臭酸不理解，想想绍兴人的臭千张、宁波人的臭冬瓜，大概就能解开心结，释然了。你能用臭气熏天的苋菜汤子泡臭冬瓜，我怎么就不能用臭酸汤子做火锅？不过，无论如何，沤酸还是中国人做酸的另类做法，流行地域窄，食用人群少。能与黔南虾酸臭酸比肩的，大约只有滇南的酸茶。

虾酸臭酸黔南酸

昆明人的长菜酸可以说是馊酸，黔南独山、荔波一带的虾酸、臭酸，可真就是"臭"酸了。为什么？昆明人的长菜馊酸，但却是在敞开的环境中，让其变馊变酸，且随吃随添，而都匀四酸和独山三酸中的虾酸、臭酸，却是封闭在坛子里，经年保存，没有别的形容，只能曰之为沤。黔南的臭酸，不只有素，且有荤，菜可做成臭酸，荤物也可以做成臭酸，猪牛羊肉、鱼鳖虾蟹均可入列，虾酸还可以单独成为一酸——虾酸。

都匀是黔南州的首府，独山是黔南州的一个县，都是布依族人口集中的地方，当地食俗，以酸辣为美，与贵州大部分地方并无不同，但是在食材运用上，却相当有个性。黔东南州是白酸汤、红酸汤，或取之于菜蔬，或取之于粮禾。黔西南州运用得最多的也是菜酸、酸萝卜之类。都匀、独山、荔波一带的很多人，却钟情于这个沤酸。

虾酸是以小河虾、小杂鱼发酵而成的，这个过程，既不是腌，也不是泡，只能说是沤。小河虾、小杂鱼拌盐在罐子里密闭发酵，发酵后气味酸臭，此时与辣椒、醪糟和都匀人叫作木姜子的野胡椒拌和，放入坛子二次发酵。再次发酵完成，仍然是臭，但是，这个臭已经加入辣的成分，酸、辣、臭并举。虾酸作为调味品，可参与炒、烧、煮，对象涵盖菜蔬和肉类、鱼虾。用虾酸炖豆腐、烧猪大肠、炒猪肉牛肉、炖狗肉、炖排骨，在当地皆是上好的待客之肴。如果做火锅，虾酸更是极好的底料，虾酸吊汤，无论羊肉、牛肉、狗肉、猪杂碎、牛羊杂碎，下锅遇到虾酸，立刻与虾酸同味，懂虾酸的人，闻到那股臭味，就兴奋无比，吃上瘾了，放不下。

臭酸有两种，单独用蔬菜沤成的，是素臭酸，肉类禽类加入的，是荤臭酸。素臭酸可以做发酵剂，为荤臭酸做引子。在贵州的农贸市场里，现在也可以买到沤成的臭酸，灰绿色的，是素臭酸，褐色的是荤臭酸。但是无论荤素，不回到自己家，千万别在公共场合打开，如若打开，臭气熏天，可能引得他人报警。臭酸之臭，很多人是无论如何都接受不了的。

最初的臭酸，的确是因为穷的缘故，平日碰不到一点儿荤，年节或宴客吃剩下的残鱼剩肉，舍不得丢掉，连汤带水放到陶罐里，密封起来。久不吃鱼肉，打开罐子，舀一勺，掺到菜里，煮一锅，沾点儿荤腥。残鱼剩肉在坛子里沤了好几个月，早已臭气熏天，焉有不臭的道理？但是事情就是这么奇怪，这臭气熏天的臭卤，入菜煮熟，无论白菜、萝卜、豆腐、魔芋，竟然入口香，而且香得充盈。如何让人不上瘾？

当然，这说的是过去，生活困顿，没有办法。生活好了，物资丰富了，臭酸该偃旗息鼓了吧？不，吃惯了臭酸的人，放不下这香臭颠倒的美味，还要吃。这回不用残鱼剩肉了，好鱼好肉煮熟，依例放入坛子里，也密封起来，沤它几个月，照样臭味十足，成了货真价实的臭卤。

臭酸沤在坛子里，要想常吃，必须吃一次，添补一次，这是为了可持续利用。新菜加入一碗臭卤，煮熟了，先别吃，舀出一碗，回添到坛子里，弥补刚才舀出的不足，无论此锅是荤是素，如此才能长续不断。过去说，臭酸是布依族的食俗，现在看，黔南州各族人民都能够接受，如果到荔波看叠水瀑布、大小七孔的南北游客，都能够接受，那就是中华共享的美食了。

布朗人和德昂人的酸茶

布朗族和德昂族是世界上最早发现、种植和食用茶叶的民族，其历史，可以追溯到人类史前时期，比汉族人要早两三千年。布朗和德昂也是山居民族，所以在食材运用上，与佤族相近。昆虫，竹虫、蝉、蚂蚱、蚂蚁、蜘蛛，都是布朗人的美食。佤族的鼠肉烂饭上讲究，布朗人同样把鼠当成美味。无论家鼠、竹鼠、田鼠，统统都是盘中餐、席上珍。客人来了，喝酒，下酒菜是油炸花蜘蛛，能煮上些鼠肉，礼遇就很高了。

如果从烹调与口味来看，布朗人、德昂人与傣族人的习惯更接近。一是喜糯，二是嗜酸。而且布朗人、德昂人嗜酸，比傣族人有过之而无不及。菜要腌酸，笋要腌酸，连鱼和肉，都以酸为美。酸剁生，什么肉都行——没有猪肉，竹鼠、青蛙均可，肉剁细，加橄榄树皮末和辣子粉，酸木瓜水。连竹鼠、青蛙也没有，用小河鱼、小河虾、小螃蟹，都行，也是好剁生。

布朗人、德昂人嗜酸，在喜食酸茶上表现得尤为突出。汉族也有食茶的，杭帮菜点，有龙井虾仁、茶叶小馄饨，但茶都是点缀，增加一点儿雅致风情。布朗人吃茶，却是吃酸茶。何为酸茶？用鲜茶做酸的茶。如何做酸？沤酸。

每年五月，天气渐热，雨季到来，茶叶肥壮，就到了布朗人做酸茶的时候了。布朗人的茶树，绝大部分是老茶树，乔木，不是那种江南女儿操起兰花指，弯腰采摘的小灌木茶，因此叶子大许多。茶叶采下来，放到锅里蒸熟，再放到阴凉通风处，待茶叶快干的时候，砍几节鲜竹筒将茶叶装进去，压紧压实，埋入土中，沤茶正式开始。天热时，一月可成，挖出来就可以吃了。也可慢慢享用，过一段时间挖一节，吃到冬天甚至来年春天，都是可以的。在地底下埋个两三年，也是可以的。

在地下沤几年，茶叶成了什么样子？几乎腐朽。此时的茶是什么味道？酸、臭、涩，没有见识过的人，无论如何想不出，这还是食物，而且是待客的上品。酸茶拿出来，放入口中细细咀嚼，要的就是这种味。如若有客人到家，敬上一杯香浓的老树茶，再敬上一碟酸茶，主宾一起嚼。当然，槟榔也不可少，槟榔叶包上槟榔子、烟丝、石灰，想嚼酸茶嚼酸茶，想嚼槟榔嚼槟榔，边嚼边聊。对于布朗人和德昂人来说，酸茶是什么？就是生活的味道。

果　酸

人类最早接触的酸食，必定是果酸。我们的老祖宗是生活在树上的，至今仍然生活在树上的灵长类动物，依然以野果为食，就是活的标本。人类即便走下树来，仍然没有忘记那些曾经赖以活命的东西。

果酸是天然酸。以果酸入馔的，各地都有。北京人夏日喝小酒，有时就拌上一个雪梨山楂条。兰州人养生，吃热冬果，把发酸的冬果梨用冰糖蜂蜜煮熟吃。如果包括饮料，就更广泛了。北方地区的酸梅汤、南方地区的乌梅汁，都是夏日广受欢迎的饮品。但是以果酸入菜甚或作为主食的，还是南方为主，特别是西南地区。

以云南为例，归拢一下，日常用作菜蔬或调味的水果至少有一二十种：树番茄、酸木瓜、生杧果、酸多依、野杨梅、柠檬、菠萝、酸角、梅子、青李子、泡梨、橄榄、石榴，等等。有一些只是用以调味，比如柠檬、树番茄、橄榄、青李子，更多的是直接食用的。云南和很多地方的食谱中，凉拌生杧果、酸角小焖肉、酸木瓜炖鸡、树番茄喃咪、辣拌多依果、菠萝饭，都很常见。很多民族的食俗中，对酸的追求不是温和，而是尖锐，比如凉拌生杧果，那种尖酸巨辣的感觉，能把夏日里的昏沉刹那赶跑，很多外地不善辣的人几乎无法接受。

云南人有树番茄，贵州人有"毛辣角"，也是一种野生番茄。在云南的傣族地区和贵州南三州，这东西是人们生活中离不开的宝贝。贵州的红酸汤，用的就是这个毛辣角。在云南，树番茄是傣族同胞做撒丕、喃咪最好的食材，吃米线，无论是蘸撒丕还是拌喃咪，那酸酸的味道，都让人着迷。可以说，果酸之美，是迷人之美。

毛辣酸

贵州人称为毛辣果的，是一种野生小番茄。也有人工引种的，但是酸味差了许多。在贵州诸多种酸汤中，毛辣酸的红酸汤和米汤酸的白酸汤最为有名。红酸汤最流行的，是黔东南州一带，镇远、凯里、施秉的红酸汤味道均佳。

很多人以为，既然毛辣果酸味十足，做火锅底料，剁碎了，煮开就得，其实不然。要吃到酸香饱满的酸汤，还是要先加工，将毛辣果发酵。如果是家庭自制，比较好的办法是毛辣果拌上醪糟，加盐，在坛子里发酵，没有醪糟，白酒亦可。发酵后的毛辣果涩味消除，酸味中带了甜。毛辣果之酸，带有强烈的果酸味，可以压腥，以红酸汤煮鱼，腥味全消。

云南有一种树番茄，结在树上，个头小，酸度高，更胜贵州毛辣果一筹。在德宏、临沧，不叫树番茄，就叫"酸茄"。傣族人吃饭，少不了"喃咪"，喃咪有很多种，但最常见的是番茄喃咪，就是用酸茄调制的。

吃傣家饭，桌子上总会有一碗喃咪，蘸菜、蘸肉、蘸米线，都离不了。喃咪，在汉语中很难找到对应的词语，勉强可以用"酱"字替代，虽然是蘸料，却不是传统意义上的酱。做喃咪，不难，但要找到所需的全部食材，不易，首先就是要有"酸茄"。其次，要有绿柠檬、小米辣、野芫荽。这几样备齐了，还得有胡椒、鱼露、蒜，最好是独头蒜。酸茄要烧，如同烤羊肉串般，酸茄裂开，果皮烧焦，扒皮，洗净，放到罐子里，加入小米辣、蒜，捣成泥，之后加入盐巴、芫荽、胡椒、鱼露，挤进柠檬汁，拌好，就是一碗香美的番茄喃咪了。吃傣家饭，桌子上有水蕨菜、臭菜、烤牛肉、烤猪脸、烤五花肉，拿起来，蘸上喃咪，酸酸辣辣带点儿甜，傣味傣吃，吃一回想下回。

酸角·酸木瓜

酸木瓜和酸角，都是云南特产，在云南人的饮食中，这两样东西都很有特色，特别是酸木瓜，没有见过的人，绝对想象不出是什么模样。云南人所称的酸木瓜，和人们常见的黄皮红瓤，甜甜糯糯的木瓜完全是两码事，既不同科，也不同属。酸木瓜树是灌木，也有长成乔木的，早春时节开花，成片的木瓜林，花红似火，美丽至极。昆明昙花寺就以木瓜花著称。

酸木瓜结果，最初的果实是青色的，成熟后转黄。莫以为黄色的果实就是甜的，酸木瓜无论青黄，一律酸得要命。人们吃酸木瓜，为的就是这果味十足的酸。酸木瓜吃着酸，可闻着香，那种果香，是任何水果都不具备的。这么说吧，一间二十平方米的屋子里放一颗酸木瓜，香气能充盈整个房间，那带着甜味的果香，飘飘渺渺，无处不在，很多人买了酸木瓜，不为吃，只为留香。我见过的所有水果里，香气如此浓郁的，绝无仅有。

滇西一带，彝族、傈僳族、傣族、景颇族、纳西族、回族、汉族，都把酸木瓜当成好食材。大理人用酸木瓜煮鱼，云县人用酸木瓜煮鸡，德宏人用酸木瓜煮牛肉，维西人干脆酸木瓜拌辣子，做成小凉菜。

酸角外表像豆角，硬壳里包裹的却是黏黏的果肉和坚硬的豆子。酸角酸，不是一般的酸，生吃，简直无法入口，要吃，就得加工，比如做成糖果。云南最有名的酸角软糖，叫"猫哆哩"，甜中带点儿酸，很好吃。云南人不但用酸角做糖果，也以酸角入菜，很多时候能做出别的酸味菜达不到的效果，譬如酸角小焖肉。

肉用五花，五花肉肥腻，但与酸角和辣子一结合，肥腻的感觉立刻消失，那种酸中带辣、辣中泛甜的口味，能征服很多人的味蕾。酸角也可以做汤底，煮鱼煮肉，加了酸角的酸菜鱼，别有风味。酸角泡水，水就成了果醋，用以拌米线、拌凉粉，比起用醋来，更多了一分果香。

柠檬酸·菠萝酸·杧果酸

云南是热带水果主产地，当家的几种热带水果，柠檬、菠萝、杧果，在云南不但当水果吃，也当菜吃。以果酸代替醋酸，在云南是很普遍的，用得最多的是柠檬。在版纳吃撒丕，吃喃咪，如果没有柠檬，味道就要差很多。在版纳吃冬荫功，有人嫌酸味不够。老板拿过两个柠檬，在上面捅几刀，递过去，说：自己挤。我在《辣味江湖》一书中写过一篇《菠萝蘸辣子》，写一个知识青年下乡到西双版纳，在当地生活的记录和感悟，说到吃果子，而且越酸越吃，说得极其生动："杧果肉质肥厚、甜美，有'水果之王'的美称。每年四、五月份，当杧果长到拳头大小，此时味道除了酸还是酸，却是我们眼中的美食。把青杧果皮剥了，切成长条，蘸盐和辣椒粉吃。辣椒最好是晒干的小米辣放在火上烤得干脆，碾成粉末，和盐拌在一起。青杧果的酸脆与干香的辣椒、盐混杂出特别的味道，吃的人只觉得满口都是又酸又脆又辣又香。"

菠萝的吃法就多了。可以把皮剥了，直接吃，也可以蘸盐和辣椒吃，又甜又咸又辣，还可以把菠萝去皮，切成薄片，倒进油锅里炒肉丝，名曰"菠萝炒肉"。

在云南，另类吃法的水果还有梨、柚子、李子，等等。一方水土养一方水果。北方甜梨，到了版纳有了质的转变，结出的果都是酸的。酸梨怎么吃？一是

　酸食志

蘸盐和辣椒粉，二是泡在酱油中，拌上小米辣，当作佐食的凉菜。柚子的吃法也如此。水果蘸辣椒，如此吃法，大约只在云南有。

梅子酸·李子酸·多依酸

梅子和李子，是滇西一带广为种植的水果，但是这两样水果，不像梨桃之类鲜果鲜吃，而是都要加工成果品，而且都可以入菜。

大理的梅子种类很多，洱源是梅子最集中的产区。洱源的梅子，有刺梅、青梅、苦梅，都能做成各种令人垂涎的梅子制品。这其中最有名的，莫过于"雕梅"。

水灵灵的青梅泡到石灰水里，捞出来晾干，青梅那股脆劲被石灰水消灭，变为柔韧。大理金花们巧手用刀，把梅子雕成花瓣状，梅核从花瓣间挤出，变成扁扁的花梅子。花梅子装进土罐子，用盐巴、红糖、蜂蜜腌渍，数月后开坛，就成了雕梅。雕梅可当零嘴，也可以做菜，譬如雕梅扣肉。

大碗拿来，厚厚的五花肉片铺底，上面堆满雕梅。

最后放入剁成丁丁的酸腌菜压实。上锅蒸半个时辰，抬出来，倒扣在大盘中，油润甜蜜的雕梅扣肉便惊艳出世，食之满口醇香。

大理白族喜吃生皮。所谓生皮，是将整只猪放到稻草火上，连毛带皮一起烧。毛烧尽了，刀刮，再烧，烧到猪皮泛黄，刮净，再将猪剖开。此时的肉是生肉，猪皮半生不熟，切片切丝，开吃。这就是"生皮"。生皮生肉，无盐无味，吃的时候要蘸蘸料，蘸料是什么？炖梅。炖梅与葱姜蒜、辣子、芫荽一起，做成酸辣蘸水，能去腥，能增脆，能添香，这个生皮才吃得美。

炖梅是用苦梅做成的，炖梅也叫煮梅。苦梅装进土罐子里，用火塘里的稻壳灰慢煨，煨到梅子变黑，就是炖梅。炖梅之酸，有人形容可比最酸的醋。不但吃生皮，可做蘸料，用以拌食凉菜，煮酸汤鱼，也是极好的调味。

大理的李子，品种其实一般，果实酸涩，要是在其他地方，怕是没有人吃的，但就是这酸李子，大理人爱吃，做成"泡李"吃。用红糖、白糖、冰糖和蜂蜜来腌渍酸李子，半年之后，李子的涩气消失，酸甜可口。泡李与雕梅一样，可做零食，也可作为调料入菜。泡李是白族同胞的美食。到了德宏傣族同胞那里，酸李子可不用这么费事了。酸李子成熟，打下树来，收回洗净，拍酥，撒上盐巴、辣子拌起来，又酸又辣又脆，可下饭可佐粥。到了临沧佤山，佤族同胞的做法就更简单了。李子拿来，不切不拍，蘸上辣子、盐巴，即可伴着烂饭吃下。

在云南，拉祜人还有一个非常独特的酸，"酸多依"。拉祜人的饮食中，对酸味情有独钟，调酸所用，有一种当地特有的酸多依果，不止拉祜人，当地的傣族、佤族人对酸多依也一往情深。酸多依，也叫多依果，学名"云南楝桫"，听名字就知道，这东西主要生长在云南，再具体一点儿，是普洱和版纳。

多依果的食用方法很多，但最主要的有两个，凉拌、热拌。凉拌，多依果切片，加入辣子粉、盐、糖之类，拌开即可，酸辣鲜爽。也有把果子舂成果泥，再拌以调料的。热拌，就是把多依果煮熟，捣烂，拌上韭菜、芝麻、盐、糖，此时酸味消退，但果味不减，主要用以下饭。有人不煮不拌，切成片蘸辣子粉，蘸白糖，蘸盐巴，也不错。因为季节限制，鲜多依果只能在秋季吃到，吃不完，可以晾干做成果干，也可以像腌笋一样，在泡菜坛子里做成泡多依果，这点儿酸，就能细水长流了。

傣族酸芭蕉芯·德昂酸水

在云南，人们吃芭蕉，不止是吃果实，还要吃花，辣炒芭蕉花是很好的下饭菜。吃了果又吃花，到此为止了吧？不然。到了普洱、版纳，傣族兄弟不但吃芭蕉花，连芭蕉心也吃，怎么吃？腌酸了吃。腌酸芭蕉心，幼嫩的芭蕉心切细丝，加盐巴、辣子粉、八角粉、草果粉等，拌起来，入坛腌渍，冷天三五日，热天一两日，即可食用。腌成的芭蕉心，酸中带辣，辣里透鲜，可炒肉、炒水豆豉，可以拌米线、拌米干，更特别的是，能和蚕蛹一起，做成酸辣蚕蛹酱，用它给别的菜肴调味。酸芭蕉心，不只傣族人吃，哈尼族、拉祜族都喜爱，爱的就是那股酸味，可见这点儿酸在云南很多民族食俗中的重要性。

为了取酸，各民族都有自己的绝招，德昂人就有自己的酸——酸水。德昂人喜酸，对天然的酸味食物爱之真切。酸木瓜、酸角、柠檬，都是常食之物。天然食材加工出来的酸，更是丰富多彩，酸笋、酸腌菜、酸豆豉、酸干菜皆是，酸笋煮鸡、酸笋煮鱼、酸笋炒肉、酸笋豆米汤，都是日常菜肴。最有特点的，是德昂人的酸水——酸木瓜水。酸木瓜切细丝，泡在盐巴水里，便是酸水，与醋相比，多了一分水果的香气。吃，先把酸木瓜丝当咸菜吃，比如吃糯米饭，夹起木瓜丝，蘸点儿胡辣子。剩下的酸水，放入胡辣子，就是好蘸水，如此吃酸木瓜，比切片蘸辣子、炖汤煮肉，更雅致，更爽快。

乳　酸

说酸食，一定不能少了乳酸。在中华饮食大典中，这是不可或缺的一章。在诸多酸味食物和调味中，乳酸之酸，温柔飘逸，卓然超群。

酸奶本是草原民族的食物，但现在，几乎已经成了全民食品。酸奶酸甜，口感润滑，营养丰富，有益健康，是很多人迷恋的食物。有爱美的女生，甚至把酸奶当成主食。但是，真正把酸奶作为主要食物的，还是草原上天天和牛、马、驼、羊打交道的各民族同胞。他们吃的酸奶和酸奶派生出的奶疙瘩、奶豆腐、奶渣，才是真正手工做出来的美味。

内蒙古高原、青藏高原和天山两侧，是中国三大畜牧区，生活在这片大地上的以畜牧为主业或农牧兼营的民族有很多，包括蒙古族、达斡尔族、鄂温克族、土族、藏族、维吾尔族、哈萨克族、柯尔克孜族、塔吉克族等，无一例外，都把酸奶当成自己民族的美食。

历史学家考证，西方多种语言中，酸奶这个单词，都是突厥语的音译，以此推断，酸奶的发明者是突厥人，大约是可信的。中国人吃酸奶，最初应该是元代时蒙古人带来的。有人认为在唐代，已经有西域客商将这东西带入中土，但接受人群可能很有限。元代蒙古人深入内地，将此食俗在中国推广开来。后来清军入关，满族酸奶加入进来，酸奶进一步普及，至少在北方，很多地方已经有手工业者专门从事这个生意了。最大的普及，恰恰是在改革开放以来的四十多年里，不但酸奶，诸多乳酸饮料也风起云涌，一下子发展起来。这款酸酸甜甜的美味，终于在中华大地扎下根来。

酸　奶

最早接触酸奶，是很多年以前，出差到海拉尔，在街头看见有酸奶卖，小白瓷罐装着，好奇，买了一罐尝尝。初入口，觉得酸，咽下，喉咙里有乳香回香，一小罐，几口就喝下，当时没太多的感觉。晚上和同屋一个布特哈旗干部说起，这位干部是南方人，说：这可是好东西，健胃舒肠，比牛奶好吸收。他说他刚来的时候，也吃不惯，现在几天不吃就想。他告诉我，他不买，太贵，自己在家做。买了奶，用上次的酸奶做引子，做好一盆，全家人吃。我的酸奶启蒙老师，就是这位落籍扎兰屯十多年的江苏籍干部。

回到哈尔滨，我开始留意酸奶，发现华梅西餐厅和马迭尔餐厅都有，而且精致。但是当年，能吃一罐酸奶，还是很奢侈的享受。后来到了北京，国家进步了，生活境遇不同了，吃酸奶的机会多了，喝北京的白瓷瓶酸奶也成为节假日逛公园、商场的消闲节目。再后来，家里有了酸奶机，想吃，便自己做，味道很不错，一点儿不比商店里卖的差。

不但在北京，走出去，见到的也不少。在内蒙古，在新疆，在青海，在甘肃，在西藏，在川滇康地区，到处都可以见到当地特产的酸奶。在西宁，青海老酸奶的大牌子挂得老高；在昌吉，天山脚下，得吃回族酸奶，清真食品，酸奶装在小碗里，表层还有一层黄色的奶油，不用吃，看着就可爱；在纳木错，吃过藏族酸奶，牧民像装酥油茶一样，把酸奶装在暖瓶里，随喝随倒。因此知道，都是酸奶，可多少有些不同。

　　酸奶可以用牛奶发酵，也可以用驼奶、马奶、羊奶。牛奶也分奶牛奶、牦牛奶、水牛奶。有了奶，制作也各有特点。比如内蒙古酸奶，发酵剂是曲种，曲种是一代代传下来的，很珍贵。内蒙古谚语说，"宁可丧命，不能断种"，把曲种和人的生命放到同等位置。家里的曲种撒了，坏了，怎么办？要到别人家去取种。取种也是件大事，要在晴天，风和日丽，穿上新衣服，恭恭敬敬地请回来。藏族酸奶的引子，则是提取酥油后发酸的剩奶。藏族有一个重要节日，雪顿节。据说，"雪顿"就是酸奶，雪顿节，就是喝酸奶的日子。大家都喝，需要的量一定不小，大约用剩奶做引子才能应付。

　　酸奶，一般都是将奶煮熟，晾凉后制作的，但也有不同，蒙古族就有生酵酸奶。生奶不熬，直接放进罐子里，让其自然发酵变为酸奶。过去，南方很多地方是少有酸奶的，但现在，酸奶在南方的普及一点儿不比北方差，连水牛奶也可以做成酸奶，成为酸奶的一个新品类。青海、西藏、川滇康地区的牦牛酸奶，更是酸奶中的精品。

　　大多数人喝酸奶，即便有点儿花样，也不过加点儿果肉、糖、蜜之类。但是到牧区，就大不一样了。在牧区，酸奶下面条、酸奶蘸馒头之类，一点儿不稀奇。黑龙江的柯尔克孜族同胞，就有酸奶拌稷子米饭的食俗，内蒙古一些地方，还有用酸奶做引子，发酵酸饭的。这个传统，现在也被很多城市里的人接受，酸奶炖牛腩、酸奶拌猪里脊等菜肴，也登堂入室，走上很多高档饭店的餐桌。至于以酸奶代替果酱做三明治、酸奶沙拉之类，就更稀松平常了。看样子，随着中国人生活水平的不断提高，酸味家族中的这个美人儿，会在中国人的生活中扮演更多的角色。

奶渣·奶疙瘩·奶豆腐

二〇〇四年，到西藏，参加江孜抗英战役一百周年纪念活动。从日喀则到江孜，越走越高。日喀则海拔三千八，到江孜，就到了四千多，有点儿憋气。开车的藏族师傅拿出一个小布袋，递给我，说："含着，一会儿就好了。"打开一看，是十几块白里透灰、半扁不圆的小疙瘩，拿出一块，含到嘴里，一股酸酸的滋味在口腔里扩散开来。我在内蒙古吃过，知道是奶疙瘩。司机说："这是奶渣。"

回到日喀则，查了资料才知道，真不是奶疙瘩。奶渣是提取酥油后的奶，煮沸后倒到纱布里，滤出水，剩下的便是奶渣，奶渣未干的时候，自然发酵变酸，干透了，就成了可以随身携带的零食。有高原反应，吃点儿奶渣，增加点儿热量，转移点儿注意力，大概是能缓解一些的。

在内蒙古，我还吃过牧民自己制作的奶豆腐，也是酸奶的延伸品。去克什克腾旗看阿斯哈图石林，乘火车到旗所在地经棚。火车到站，刚刚上午九点，打了一辆出租车，赶往阿斯哈图，结果半路上一阵大雨，直到景区门口也没有停的意思。雨大风也大，景区关门，不放游客入内。没办法，只好放弃。中午了，不想返回经棚吃饭，就在路边一个小饭店打尖。

掀开门帘，一股羊膻夹杂着奶膻的味道扑面而来。小饭店只有四五张桌子，其中一张围着五六个人，正在喝酒。下酒菜除了手把肉，还有一大盘奶豆腐，扁扁的四方块堆了一大盘子。我走过去看，几个牧民热情招呼：坐下吃吧，奶豆腐，好极了。不好意思白吃，但盛情难却，还是拿了一块尝了。奶豆腐酸中微甜，的确是下酒的好菜。不善羊肉的人，大约有些吃不惯，因为多少带了点儿膻味。我是喜欢羊肉的人，觉得非常适口。

内蒙古的奶豆腐分两种，一种是酸奶煮熟，析出絮状物，如同做豆浆凝成豆腐脑，压榨成形，就是奶豆腐。这几乎就是酸奶干吃，味道焉能不好？还有一种，就差一等了。是先把奶煮熟，晾凉后挑走上面的膜，也就是奶皮子，之后再发酵成酸奶，其中的蛋白质和脂肪含量就大打折扣了，用这种酸奶也能做成奶豆腐，但香味自然不及生奶做成的奶豆腐。

奶豆腐，其实就是欧洲人所说的乳酪。入口筋道而柔和，如果再晾干，就成了奶疙瘩，吃的时候就要像含糖块似的，慢慢体会那股奶味了。由此派生出来的奶棒、奶条、奶片之类，其实和奶疙瘩都是一家，无论做成什么，那股淡淡的酸味，是一定包含其中的，因为那是它们的魂。

后　记

　　这本书的写作过程中，有几次搁笔外出，为的是想多收集些素材。2017年入秋到河北坝上和内蒙古锡盟走了几个县旗，这几个地方都在晋语圈内，是传统嗜酸喜醋的地区。秋冬之交进贵州，将三州六市重走一遍。2018年3月再到广西，从河池开始，走了百色、崇左、南宁。春节期间还到云南玉溪走了一趟。既然是访酸之旅，对各地酸食自然格外留心。坝上的羊肉汤醋作伴、山药熬菜蘸莜面；贵州的酸汤鱼、酸汤牛肉、酸汤猪脚；桂西的酸菜、酸粉、酸嘢……我对这几个酸域的了解和理解更深一步了。在玉溪参加当地的米线节，在会场的特产售卖区，看到了一个很大的果醋摊点，给了我额外的惊喜。

中国人对酸味的追求是一致的，无论东南西北，在中国人的饮食中，酸味都不可或缺。但是，值得注意的是，各地方、各人群对酸味追求的程度却大不相同。重酸和轻酸的分布，使酸域地图出现相当明显的色差。酸味在地域分布和人群分布上，与辣味有很多相似之处，或者说，二者在分布上有相当的叠加和重合部分。究其原因，与各个地方、各个人群历史上的生活状态有极大关系。

饮食中采用重味，往往与食物粗粝有关。有时甚至是谋求对另一种味道的替代，而将一种味道人为加重。山西和内蒙古一些地方流行酸饭、酸粥，深层次的历史原因，是为消除糜米的粗粝，使其适口。而贵州很多少数民族地区长期缺盐，辣和酸就成为替代品，重酸、重辣皆由此生。

我在《辣味江湖》一书中曾写过这样一段话，说的是辣，但酸味也有相似之处："辣椒走出南美，进入欧洲，曾一度染遍欧洲。几百年过去，欧洲的红潮已经退去，原因何在？有人给出一个答案。辣椒是刺激人们食欲的一种调味品，当人们的食物更加多样化、精细化，不需以刺激味蕾的方式吞咽粗粝食物的时候，辣椒的功能便不再是人们的追求。结论是，越是富裕的地区和人群，对辣椒的追求越趋于淡化。辣椒的辣度与人们的富裕程度成反比，辣度越高，说明这个地方越穷，辣度越低，说明这个地方越富裕。今天，世界上吃辣最厉害的地方，恰恰是印度、巴基斯坦等南亚国家和南美地区。即便不以他国为例，在中国，最先接触到辣椒的地方，是东南沿海，而东南沿海恰恰是中国辣域地图上最淡的那一片。如是，中国人吃辣的趋势，应该是辣域进一步扩大的同时，辣度愈趋于淡化，逐渐由求其辣向求其香转变。"

辣如此，酸大约也将如此。当人们的生活水平进一步提高，饮食多样化就成为必然。而这个多样化，必然将使人们对某一个味道的极端追求开始淡化。当然，酸味的转变，不会是简单的淡化，大约更趋向于柔和。而柔和化的同时，是进一步的精致化。几十年来，中国人饮食的多样化，其实也一直伴随着精致化的脉络在行走，辣味如此，酸味如此，五味皆如此。再过几十年，再来品酸说酸，大概又是另外一番景象了。更加精致、更加美味是肯定的，这就是中国人的口福。